高等职业教育"十二五"规划教材

WPF 应用开发项目教程

主　编　陈郑军　刘振东

副主编　胡方霞　周树语　伍技祥
　　　　周继松　黄柯翔　张　涛

中国水利水电出版社
www.waterpub.com.cn

内 容 提 要

本书以项目化任务驱动式组织教学内容，循序渐进地介绍 WPF 的开发环境、XAML 基础、Application 类、窗体、布局控件、常用控件、路由事件、系统命令库、自定义命令、Binding、资源、样式、模板、触发器等，使读者不仅能够学习 WPF 的各种开发知识，而且能够培养分析问题、解决问题的能力，以更快的速度和更好的效果去掌握 WPF 开发技术。

全书共 6 个项目，均是围绕图书管理系统主题展开，每个项目都以一个图书管理典型应用设计，再以多个子任务完成，每个子任务都具有较高的应用价值和代表性。教学内容的设计符合学习者面对问题时的情况，依照任务描述、知识准备、任务分析、任务实施和任务小结 5 个环节进行，既能科学地解决问题又有很强的锻炼作用。

全书以图书管理系统贯穿全程，将各个知识环节融入案例中，整体知识结构清晰、语言简洁，易于学习和提高，非常适合初学 WPF 技术的在校大学生和开发爱好者学习参考。

本书建设有精品网络课程（网址：http://moodle.cqdd.cq.cn/course/view.php?id=70，账号：student0，口令：student0），资源详实，对学习者免费开放；另外提供全书任务的源代码、电子教案、授课计划书等教辅资料，请到中国水利水电出版社网站和万水书苑上免费下载，网址为：http://www.waterpub.com.cn/softdown/和 http://www.wsbookshow.com。

图书在版编目（ＣＩＰ）数据

WPF应用开发项目教程 / 陈郑军，刘振东主编. --
北京：中国水利水电出版社，2015.1（2019.12 重印）
高等职业教育"十二五"规划教材
ISBN 978-7-5170-2867-3

Ⅰ. ①W… Ⅱ. ①陈… ②刘… Ⅲ. ①Windows操作系统—程序设计—高等职业教育—教材 Ⅳ. ①TP316.7

中国版本图书馆CIP数据核字(2015)第012984号

策划编辑：雷顺加　　　责任编辑：张玉玲　　　封面设计：李　佳

书　　名	高等职业教育"十二五"规划教材 WPF 应用开发项目教程
作　　者	主　编　陈郑军　刘振东 副主编　胡方霞　周树语　伍技祥　周继松　黄柯翔　张　涛
出版发行	中国水利水电出版社 （北京市海淀区玉渊潭南路 1 号 D 座　100038） 网址：www.waterpub.com.cn E-mail: mchannel@263.net（万水） 　　　　sales@waterpub.com.cn 电话：(010) 68367658（发行部）、82562819（万水）
经　　售	北京科水图书销售中心（零售） 电话：(010) 88383994、63202643、68545874 全国各地新华书店和相关出版物销售网点
排　　版	北京万水电子信息有限公司
印　　刷	三河市航远印刷有限公司
规　　格	184mm×260mm　　16 开本　　13.75 印张　　350 千字
版　　次	2015 年 2 月第 1 版　　2019 年 12 月第 3 次印刷
印　　数	5001—7000 册
定　　价	28.00 元

凡购买我社图书，如有缺页、倒页、脱页的，本社发行部负责调换

前　言

从最早的到广泛应用的 Windows 95 再到如今的 Windows 8.1 操作系统，微软 Windows 可视化开发技术已经出现将近 20 年。其间出现了很多优秀的开发工具，但它们使用的都是在过去十多年中基本没有变化的 Windows 技术。Windows 窗体依靠 Windows API 建立标准化的用户界面元素可视化的外观，如按钮、文本框和复选框等。一直以来这些要素在本质上都是不可定制的。软件开发人员如果希望创建一个外观酷炫的界面，则必须自定义控件，使用低级的绘图模型来绘制控件各个方面的细节，极端情况下甚至必须手工绘制每一个细节。不仅如此，程序员还要对 API 非常熟悉才能完成这项艰巨的任务。

从.NET Framework 3.0 开始，基于 DirectX 功能强大的基础结构的 WPF 技术闪亮登场，它通过引入一个使用完全不同技术的新模型改变了所有这一切。WPF 将以前 Windows 开发领域中的精华和当今的创新技术融为一体，来构建现代的富图形用户界面。使用这些特性，WPF 可以重新设置几乎所有控件的样式，不仅操作简便，而且通常还不需要编写任何代码。

为了帮助更多的软件开发人员学习 WPF 技术，编者精心编写了本书。本书在内容编排和目录组织上都十分讲究，力争让读者能够更快更好地掌握 WPF 开发技术。本书主要依托微软的 Visual Studio 2012 集成开发环境，结合了多位一线教师、行业专家和企业技术人员在教学和研发中积累的经验，将 WPF 技术常用知识融入到 6 个项目中，以学习者的角度详细介绍了 WPF 技术的相关知识。

全书以图书管理系统为总纲，包含 6 个项目，分别是：项目一　WPF 基础——"Hello World！"程序制作；项目二　WPF 布局设计——图书管理系统 UI 设计；项目三　WPF 的路由事件——登录和注册程序实现；项目四　WPF 命令——窗体清除功能的实现；项目五　WPF 绑定——注册信息入库；项目六　WPF 资源、样式和模板——项目美化。

本书改进了传统的教学组织模式，通过一个个项目来进行教学，每个项目都遵循项目需求、任务分解、知识准备、任务分析、任务实施和任务小结的有序组织结构。让学习者在学习相关理论知识之前就能够了解到这些知识在实际项目开发中的作用，调动其学习的积极性和主动性，培养自主学习的能力。项目的分解分布组织教学也为学习者搭建了知识和应用之间的桥梁，每个项目都在进行"问题是什么、问题需要什么知识、问题如何解决"的循序渐进学习和思考，能够培养学生分析问题、解决问题的能力，对于提高学习者的动手能力大有裨益。同时每个项目后的专项技能训练，可以帮助学习者巩固所学、拓展知识和技能。

本书紧密结合教学与研发，更结合学习者的学习习惯和认知规律，所设计的项目综合了 WPF 开发技术的基础知识，同时强化了学生动手能力的培养，是一本非常适合于 WPF 开发技术学习的入门教材。

本书由陈郑军、刘振东任主编，胡方霞、周树语、伍技祥、黄柯祥、张涛任副主编。其中陈郑军编写项目一至项目三，并负责全书的统稿工作，刘振东编写项目四至项目六，胡方霞教授负责教材审稿工作，周树语和伍技祥两位副教授负责教材课程大纲编写和电子教案的制作，德克特公司的周继松、黄柯翔和张涛负责图书管理系统项目的软件设计、编码，以及其他企业案例的提供工作。

　　在本书的编写过程中作者得到了重庆工商职业学院各级领导的大力支持和帮助，在此表示衷心的感谢。同时，在教材编写过程中作者参考了大量相关资料，包括教材、科研文献、博客文章等，吸取了许多前辈、专家和同仁的宝贵经验，在此一并致谢。

　　由于作者水平所限，书中疏漏甚至错误之处在所难免，恳请广大读者批评指正。

编　者

2014 年 12 月

目　　录

前言

项目一　WPF 基础——"Hello World!"
**　　　　程序制作** ·················· 1

【项目描述】 ·························· 1

【学习目标】 ·························· 1

【能力目标】 ·························· 1

任务 1.1　搭建 WPF 开发环境 ·········· 1

　1.1.1　WPF 是什么 ················ 2

　1.1.2　WPF 的特点 ················ 2

　1.1.3　WPF 的组成结构 ············ 3

　1.1.4　WPF 和 Silverlight 的关系 ······ 4

任务 1.2　设计简单 XAML 程序 ·········· 9

　1.2.1　XAML 是什么 ·············· 9

　1.2.2　XAML 语法基础 ············ 10

　1.2.3　WPF 中的树 ··············· 17

【项目总结】 ························· 22

【项目实训】 ························· 22

项目二　WPF 布局设计——图书管理系统
**　　　　UI 设计** ·················· 23

【项目描述】 ························· 23

【学习目标】 ························· 23

【能力目标】 ························· 23

任务 2.1　设计图书管理系统登录界面 ···· 23

　2.1.1　认识 Application ············· 24

　2.1.2　认识窗体 ················· 26

　2.1.3　主窗体的启动模式 ·········· 30

　2.1.4　不规则窗体 ··············· 31

任务 2.2　设计图书管理系统用户注册界面 ··· 37

　2.2.1　理解 WPF 布局 ············ 37

　2.2.2　WPF 布局原则 ············· 38

　2.2.3　布局过程 ················· 39

　2.2.4　布局元素 ················· 39

　2.2.5　Grid 面板 ················ 40

　2.2.6　StackPanel 面板 ············ 44

　2.2.7　Canvas 面板 ··············· 45

　2.2.8　DockPanel 面板 ············· 46

　2.2.9　WrapPanel 面板 ············· 47

任务 2.3　设计图书管理系统主界面 ······ 50

　2.3.1　什么是控件 ··············· 51

　2.3.2　控件的类型 ··············· 51

　2.3.3　WPF 菜单控件（Menu） ······ 56

　2.3.4　WPF 工具栏和状态栏控件 ····· 60

　2.3.5　WPF 范围控件：滚动条、进展条、
　　　　　滑动条 ················· 62

　2.3.6　用户自定义控件 ············ 63

【项目总结】 ························· 69

【项目实训】 ························· 69

项目三　WPF 的路由事件——登录和注册
**　　　　程序实现** ················· 70

【项目描述】 ························· 70

【学习目标】 ························· 70

【能力目标】 ························· 70

任务 3.1　完成登录窗体事件处理 ········ 70

　3.1.1　什么是路由事件 ············ 70

　3.1.2　为路由事件添加和实现事件处理程序 74

任务 3.2　完成注册窗体事件处理 ········ 87

　3.2.1　WPF 事件简介 ············· 87

　3.2.2　键盘输入事件 ············· 88

　3.2.3　鼠标输入 ················· 91

【项目总结】 ························· 98

【项目实训】 ························· 98

项目四　WPF 命令——窗体清除功能的实现 ··· 99

【项目描述】 ························· 99

【学习目标】 ························· 99

【能力目标】 ························· 99

任务 4.1　创建使用简单命令的程序 ······ 99

　4.1.1　命令是什么 ··············· 100

4.1.2　WPF 的命令库 ································· 100
4.1.3　命令绑定 ·· 103
任务 4.2　创建使用复杂命令的程序 ········· 105
4.2.1　命令系统的基本元素 ···················· 106
4.2.2　命令系统的基本元素之间的关系 ··· 106
任务 4.3　创建使用自定义命令的程序 ········ 111
4.3.1　自定义命令 ····································· 111
4.3.2　自定义命令的使用 ························· 112
任务 4.4　使用命令实现清除功能 ············· 114
4.4.1　命令参数 ·· 115
4.4.2　命令参数的使用 ···························· 115
【项目总结】 ··· 121
【项目实训】 ··· 122

项目五　WPF 绑定——注册信息入库 ········· 123
【项目描述】 ··· 123
【学习目标】 ··· 123
【能力目标】 ··· 123
任务 5.1　创建一个使用 Binding 的简单程序 123
5.1.1　数据绑定概述 ································ 124
5.1.2　Binding 基础 ································· 124
5.1.3　最简单的数据绑定 ························· 125
5.1.4　控制 Binding 的方向及数据更新 ···· 127
任务 5.2　创建显示自定义颜色的程序 ······ 132
5.2.1　Binding 的路径（Path） ············· 133
5.2.2　用 Source 绑定到 CLR 对象 ········ 135
5.2.3　使用 Binding 的 RelativeSource ······ 140
任务 5.3　注册用户的信息查询 ··············· 145
5.3.1　使用 DataContext 作为数据源 ······· 145
5.3.2　使用集合对象作为列表控件
　　　　的 ItemsSource ························ 148

任务 5.4　注册信息入库 ··························· 164
5.4.1　数据验证概述 ································ 165
5.4.2　数据验证规则 ································ 166
【项目总结】 ··· 177
【项目实训】 ··· 177

项目六　WPF 资源、样式和模板——项目美化 179
【项目描述】 ··· 179
【学习目标】 ··· 179
【能力目标】 ··· 179
任务 6.1　美化读者信息修改界面的
　　　　TextBlock 控件 ······················· 179
6.1.1　资源 ·· 179
6.1.2　资源的定义及 XAML 中的引用 ····· 182
6.1.3　XAML 解析资源的顺序 ··············· 184
6.1.4　静态资源（StaticResource）和动态
　　　　资源（DynamicResource） ········ 186
任务 6.2　美化读者添加界面的 TextBox
　　　　控件 ······································· 191
6.2.1　Style 元素 ····································· 191
6.2.2　模板 ·· 192
任务 6.3　美化读者借书界面的 Button 控件 ·· 196
6.3.1　触发器概述 ···································· 196
6.3.2　触发器类型 ···································· 197
任务 6.4　美化读者管理界面的
　　　　DataGrid 控件 ························· 206
6.4.1　DataGrid 控件 ····························· 206
6.4.2　自定义 DataGrid 控件的模板 ········· 207
【项目总结】 ··· 212
【项目实训】 ··· 213
参考文献 ··· 214

项目一　WPF基础——"Hello World!"程序制作

项目描述

本项目将隆重地向学习者介绍 WPF 技术的定义，WPF 技术的产生、发展和现状，WPF 技术的主要特点和应用场合；同时还重点介绍 WPF 技术中最重要的内容 XAML（可扩展应用程序标记语言）。让学习者对正在学习的 WPF 技术有个清晰和正确的认识，并在学习中应用所学完成第一个 WPF 应用程序——"Hello World!"程序，它的运行效果如图 1-1 所示。

图 1-1　Hello World!程序运行效果

1. 了解 WPF 的产生、发展和现状。
2. 掌握常用 XAML 标记及其属性。
3. 熟悉 Visual Studio 2012 集成开发环境。

能力目标

1. 会安装 Visual Studio 2012 开发工具。
2. 会编写常见 XAML 标记。
3. 会配置常见 XAML 标记的属性。
4. 会使用 Visual Studio 2012 创建、运行、调试 WPF 程序。

任务 1.1　搭建 WPF 开发环境

【任务描述】

本任务将介绍 WPF 技术的定义，WPF 技术的产生、发展和现状，WPF 技术的主要特点和应用场合；再介绍 WPF 技术的开发工具有哪些、如何获取和各自的特点；然后选择当前主流的开发工具，介绍其软硬件环境需求，并完成安装和配置。

【知识准备】

1.1.1 WPF 是什么

WPF 是 Windows Presentation Foundation 的首字母缩写，中文译为"Windows 呈现基础"，因为与"我佩服"拼音首字母组合一样，国内有人调侃地称之为"我佩服"。WPF 由 .NET Framework 3.0 开始引入，与 Windows Communication Foundation（WCF，是由微软开发的一组数据通信的应用程序开发接口）及 Windows Workflow Foundation（WWF，是一项微软技术，用于定义、运行和管理工作流程）一并作为新一代 Windows 操作系统以及.NET 框架的三个重大应用程序开发类库。

WPF 是微软的新一代图形系统，为用户界面、2D/3D 图形、文档和媒体提供了统一的描述和操作方法。基于 DirectX 技术的 WPF 不仅带来了前所未有的 3D 界面，而且其图形向量渲染引擎也大大改进了传统的 2D 界面，比如从 Vista 操作系统开始的 Windows 中的半透明效果的窗体等都得益于 WPF。程序员在 WPF 的帮助下，要开发出媲美 Mac 程序的炫酷界面已不再是遥不可及的奢望。WPF 相对于 Windows 客户端的开发来说，向前跨出了巨大的一步，它提供了超丰富的.NET UI 框架，集成了矢量图形、丰富的流动文字支持（Flow Text Support）、3D 视觉效果和强大无比的控件模型框架。

WPF 是 Windows 操作系统中的一次重大变革，与早期的 GDI+/GDI 不同，WPF 是基于 DirectX 引擎的，支持 GPU 硬件加速，在不支持硬件加速时也可以使用软件绘制，提高使用者的体验，能自动识别显示器分辨率并进行缩放。WPF 统一了 Windows 创建、显示和操作文档、媒体和用户界面（UI）的方式，使开发人员和设计人员可以创建更好的视觉效果、不同的用户体验。Windows Presentation Foundation 发布后，Windows XP、Windows Server 2003 和以后所有的 Windows 操作系统版本都可以使用它。

WPF 的核心是一个与分辨率无关并且基于向量的呈现引擎，旨在利用现代图形硬件的优势。WPF 通过一整套应用程序开发功能扩展了这个核心，这些功能包括可扩展应用程序标记语言（XAML）、控件、数据绑定、布局、二维和三维图形、动画、样式、模板、文档、媒体、文本和版式。WPF 包含在 Microsoft .NET Framework 中，使您能够生成融入了 .NET Framework 类库的其他元素的应用程序。

1.1.2 WPF 的特点

（1）矢量图的超强支持。

WPF 兼容支持 2D 绘图，比如矩形、自定义路径、位图等；文字显示的增强、XPS 和消锯齿；强大的三维支持，包括 3D 控件及事件；与 2D 及视频合并打造更立体的效果；渐变、使用高精确的（ARGP）颜色，支持浮点类型的像素坐标。这些都远超 GDI+的功能。

（2）灵活、易扩展的动画机制。

.NET Framework 3.0 及更高版本类库提供了强大的基类，只需继承即可实现自定义程序使用绘制；接口设计非常直观，完全面向对象的对象模型，使用对象描述语言 XAML，使用开发工具的可视化编辑。WPF 可以使用任何一种.NET 编程语言（C#、VB.NET 等开发语言）进行开发。XAML 主要针对界面的可视化控件描述,其后台处理程序为.cs 或.vb 文件,并最后将编译为 CLR 中间运行语言。

（3）WPF 为 Windows 客户端应用程序开发提供了更多的编程增强功能。

一个明显的增强功能就是使用标记和代码隐藏开发应用程序的功能（类似于 ASP.NET 动态网站程序开发）。通常使用可扩展应用程序标记语言（XAML）标记实现应用程序的外观,而使用托管编程语言（代码隐藏）实现其行为。这种外观和行为的分离具有以下优点:

● 降低了开发和维护成本,因为外观特定的标记并没有与行为特定的代码紧密耦合。

● 开发效率更高,因为设计人员可以在开发人员实现应用程序行为的同时实现应用程序的外观。

● 可以使用多种设计工具实现和共享 XAML 标记,以满足应用程序开发参与者的要求——Microsoft Expression Blend 提供了适合设计人员的体验,而 Visual Studio 2012（或其他版本）针对开发人员。

● WPF 应用程序的全球化和本地化得以大大简化。

1.1.3 WPF 的组成结构

WPF 由两个主要部分组成:引擎和编程框架,如图 1-2 所示。

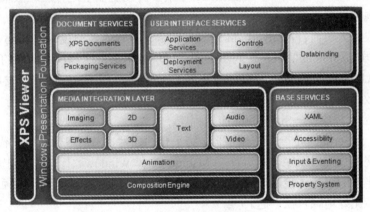

图 1-2 WPF 的组成结构

1. WPF 引擎

WPF 引擎统一了开发人员和设计人员体验文档、媒体和 UI 的方式,为基于浏览器的体验、基于窗体的应用程序、图形、视频、音频和文档提供了一个单一的运行时库。WPF 使得应用程序不仅能够充分利用现代计算机中现有的图形硬件的全部功能,而且能够利用硬件将来的进步。例如,WPF 基于矢量的呈现引擎使应用程序可以灵活地利用高 DPI 监视器,而无需开发人员或用户进行额外的工作。同样,当 WPF 检测到支持硬件加速的视频卡时,它将利用硬件加速功能。

2. WPF 编程框架

WPF 框架为媒体、用户界面设计和文档提供的解决方案远远超过开发人员现在所拥有的。它的设计考虑了可扩展性,使开发人员可以完全在 WPF 引擎的基础上创建自己的控件,也可以通过对现有的 WPF 控件进行再分类来创建自己的控件。WPF 编程框架的核心是用于形状、文档、图像、视频、动画、三维以及用于放置控件和内容的面板的一系列控件。这些"自有控件"为开发下一代用户体验提供了构造块。

微软在引入 WPF 的同时，还引入了 XAML，这是一种公开表示 Windows 应用程序用户界面的标记语言，可使开发人员和设计人员用来构建和重用 UI 的工具更加丰富。对于 Web 开发人员，XAML 提供了熟悉的 UI 说明模式。XAML 还使 UI 设计从基础代码中分离出来，从而使开发人员和设计人员之间的合作更加紧密。

1.1.4　WPF 和 Silverlight 的关系

1．什么是 Silverlight

Microsoft Silverlight 的中文名为"微软银光"，它是一个跨浏览器的、跨平台的插件，为网络带来下一代基于.NET Framework 的媒体体验和丰富的交互式应用程序。Silverlight 提供灵活的编程模型，并可以很方便地集成到现有的网络应用程序中。Silverlight 可以对运行在 Mac 或 Windows 上的主流浏览器提供高质量视频信息的快速、低成本的传递。借助该技术，用户将拥有内容丰富、视觉效果绚丽的交互式体验，而且无论是在浏览器内还是在桌面操作系统（如 Windows 和 Apple Macintosh）中，您都可以获得这种一致的体验。

对于互联网用户来说，Silverlight 是一个安装简单的浏览器插件程序。用户只要安装了这个插件程序，就可以在 Windows 和 Macintosh 上的多种浏览器中运行相应版本的 Silverlight 应用程序，享受视频分享、在线游戏、广告动画、交互丰富的网络服务等。

对于开发设计人员而言，Silverlight 是一种融合了微软的多种技术的 Web 呈现技术。它提供了一套开发框架，并通过使用基于向量的图像图层技术支持任何尺寸图像的无缝整合，对基于 ASP.NET、AJAX 在内的 Web 开发环境实现了无缝连接。Silverlight 使开发设计人员能够更好地协作，有效地创造出能在 Windows 和 Macintosh 上的多种浏览器中运行的内容丰富、界面绚丽的 Web 应用程序——Silverlight 应用程序。

简而言之，Silverlight 是一个跨浏览器、跨平台的插件，为网络带来下一代基于.NET 媒体体验和丰富的交互式应用程序。对运行在 Macintosh 和 Windows 上的主流浏览器，Silverlight 提供了统一而丰富的用户体验，通过 Silverlight 这个小小的浏览器插件，视频、交互性内容，以及其他应用能完好地融合在一起。

2．Silverlight 的特点

Silverlight 是基于浏览器插件的，在浏览器中运行，服务器端不需要部署任何环境，其交互式及动画等网页功能比较突出。但是它也类似于 Flash 应用客户端需要 Flash Player 一样，Silverlight 应用客户端也要安装相应的支持库才能显示。

3．Silverlight 和 WPF 的关系

Silverlight 作为 WPF 的一个轻量级的精简版本，曾经叫做 WPF/E（Windows Presentation Foundation/Everywhere）。其中 Everywhere 指的是跨平台的意思，使得在每个操作系统中可以运行 WPF。

因为跨平台特性，所以使用的是插件技术。为了网站设计的安全性，不能将 WPF 的全部能力和权限都提供给 Silverlight，因此就提取了一个精简的.NET Runtime Library 到了 WPF/E 中来执行 XAML 文件，去除了文件操作、Windows API、3D 控件、视频加速等类库方法。所以从核心本质上分开，说两者的关系更像是兄弟关系，或者说 Silverlight 是 WPF 的子集。当然随着 Silverlight 的发展，微软公司又结合其需求增加了很多新的个性功能特征。

【任务分析】

完成前面的知识准备，现在来对部署 WPF 开发环境任务进行分析。

WPF 从一开始就被微软公司设计为设计和开发分离形态，其专业的动画和美工设计部分使用 Blend 工具，普通界面和代码设计部分使用 Visual Studio。两个工具可以相互合作完成一个综合任务制作。

因此，部署 WPF 的开发环境我们需要安装至少两个工具软件：Microsoft Expression Blend 和 Microsoft Visual Studio。

1. Microsoft Expression Blend。

Microsoft Expression Blend 作为一款功能齐全的专业设计工具，可用来针对基于 Microsoft Windows 和基于 Microsoft Silverlight 1.0 的应用程序制作精美复杂的用户界面。Expression Blend 可让设计人员集中精力从事创作，而让开发人员集中精力从事编程工作，其开发界面如图 1-3 所示。

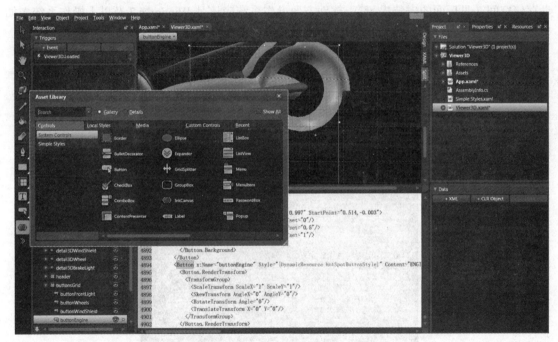

图 1-3 Blend 主界面

从 2012 版开始 Blend 就作为独立工具和 Visual Studio 一起提供，也就是说安装 Visual Studio 2012 版及更新的版本时就可以同时获得 Blend 和 Visual Studio 两个工具。

2. Microsoft Visual Studio

Microsoft Visual Studio（VS）是美国微软公司的开发工具包系列产品。VS 是一个基本完整的开发工具集，它包括了整个软件生命周期中所需的大部分工具，如 UML 工具、代码管控工具、集成开发环境（IDE）等。所写的目标代码适用于微软支持的所有平台，包括 Microsoft Windows、Windows Mobile、Windows CE、.NET Framework、.NET Compact Framework、Microsoft Silverlight 和 Windows Phone。

Visual Studio 是目前最流行的 Windows 平台应用程序的集成开发环境，最新版本为 Visual

Studio 2013 版，基于.NET Framework 4.5.1。基于软件体积、性能及其对软硬件环境的需求综合考虑，本教材选用目前最为主流应用的 Visual Studio 2012 版进行介绍，后续的软件开发环境默认都是 Visual Studio 2012 版。

【任务实施】

1. 获得 Visual Studio 开发工具安装程序

安装程序的获得可以从专门的正版软件商店购买，也可以选择使用免费体验版或者是完全免费的部分版本。前者花费不菲，但可以获得完整的功能和支持服务；后者直接从网络获得，无需付费，但是使用时间或者功能有限制。

2. Visual Studio 的安装

这里以功能最完整的 Visual Studio Ultimate 2012 为例进行介绍。

（1）准备安装的软硬件环境。

目标计算机硬件配置至少应该是双核处理器，内存 1GB 以上，有 9 个 GB 左右的空余硬盘存储空间（见后面的安装提示）；软件方面操作系统应该是 Windows 7 及以上操作系统。如果是为开发选择新计算机时 CPU 和内存是最重要的部分，建议高配。

（2）安装过程。

解压安装包，单击 vs_ultimate.exe 运行，如图 1-4 所示。

图 1-4   Visual Stuido 2012 安装初始界面

从安装界面中就可以看出这个版本自带了 Blend 工具（with Blend）。可以结合计算机硬盘分区空间选择安装路径，勾选"我同意许可条款和条件"复选项，第二个选项可以不勾选，单击"下一步"按钮，如图 1-5 所示。

进入安装选择功能，依据自己的需求进行选择，建议对需求不明确时全部选择，然后单击"安装"按钮，出现图 1-6 所示的安装进度条。

和前面其他版本 Visual Studio 最大的区别就在这里，Visual Studio 2012 进入安装界面后有漫长的等待，直到图 1-7 所示的安装完成界面。

图 1-5 VS 2012 安装项目界面

图 1-6 VS 2012 安装进度条

图 1-7 VS 安装完成提示界面

　　安装成功，就可以启动了。可以直接从安装结束界面上选择启动，也可以进入"开始"菜单选择 Visual Studio 2012 来进行启动。无论哪种方式，首次启动后都会要求进行注册激活。激活界面如图 1-8 所示。

图 1-8　VS 2012 激活界面

　　输入正确的产品密钥后，单击"下一步"按钮完成注册激活，就可以使用了。单击激活界面中的"启动"或"所有程序"菜单中的 VS 2012 后都可以打开 VS 2012IDE。从 Visual Studio 2003 开始，首次进入开发环境前都会出现如图 1-9 所示的对话框，提示用户选择默认的开发环境，一旦选择后，后面再使用时都会默认使用该开发环境。

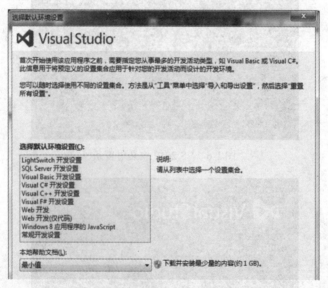

图 1-9　VS 2012 默认语言环境设置

　　这里选择"Visual C#开发设置"，然后单击"启动 Visual Studio"进入开发工具 IDE 环境。至此，WPF 的开发环境就搭建完毕了。

【任务小结】

1. 本任务介绍了 WPF 的概念、特点和相关名词术语。学习者应该对即将学习的对象有个清晰正确的认识。

2. 本任务介绍了 WPF 的开发工具及其获得和安装的过程。学习者需要结合自己的条件进行选择和部署。

任务 1.2　设计简单 XAML 程序

【任务描述】

前面已经介绍了 WPF 中创造性的技术内容 XAML，正是因为它的存在使得 WPF 程序的设计和开发可以分离，让不同的设计者能分工合作，最大限度地发挥特长，创造出美轮美奂的 WPF 应用程序。本任务中将引领学习者了解并熟悉 XAML，掌握其工作原理和基本的语法特点，并利用所学的 XAML 知识在 Visual Studio 2012 中完成第一个 WPF 程序——"Hello World!"。

【知识准备】

1.2.1　XAML 是什么

XAML（Extensible Application Markup Language）即可扩展应用程序标记语言，它是一种声明性标记语言。如同应用于.NET Framework 编程模型一样，XAML 简化了为.NET Framework 应用程序创建 UI 的过程。我们可以在声明性 XAML 标记中创建可见的 UI 元素，然后使用代码隐藏文件（通过分部类定义与标记相连接）将 UI 定义与运行时逻辑相分离。XAML 直接以程序集中定义的一组特定后备类型表示对象的实例化。这与大多数其他标记语言不同，后者通常是与后备类型系统没有此类直接关系的解释语言。XAML 实现了一个工作流，通过此工作流，各方可以采用不同的工具来处理应用程序的 UI 和逻辑。

尽管 XAML 是一种可以应用于不同问题领域的技术，但主要用于构造 WPF 用户界面。简单地说，XAML 文档定义了在 WPF 应用程序中组成窗口的面板、按钮以及各种控件的布局。对图形设计人员来说，不会手动编写 XAML，而应该使用图形设计工具 Blend；而对开发人员来说使用的则是 Visual Studio。尽管这两个工具完全不同，但是它们在生成 XAML 时本质上是相同的，所以软件设计团队可以使用 Visual Studio 创建一个基本用户界面，然后将该界面移交给专业的界面设计团队，让他们使用 Blend 来美化该界面。实际上具备将设计人员和开发人员工作流程集成起来的能力是微软力推 XAML 的主要原因之一。

以文本表示时，XAML 文件是通常具有.xaml 扩展名的 XML 文件。可通过任何 XML 编码对文件进行编码，但通常编码为 UTF-8。

下面的示例演示如何创建作为 UI 一部分的按钮。此示例的目的仅在于供我们初步了解 XAML 是如何表示常用 UI 编程形式的（它不是一个完整的示例）。

```
<StackPanel>
  <Button Content="Click Me"/>
</StackPanel>
```

XAML 是一种由 XML 派生而来的语言，所以很多 XML 中的概念在 XAML 中是通用的。比如使用标签声明一个元素（每个元素对应内存中的一个对象）时，需要使用起始标签<Tag>和终止标签</Tag>，夹在两者之间的 XAML 代码表示是隶属于这个标签的内容。如果没有下级隶属元素（对象），则这个称为空标签，可以写为<Tag/>（自结束标记）。

尽管 XAML 是微软专门用来制作 UI 的工具，但是在 WPF 中它并不是唯一的 UI 实现方法。如图 1-10 所示，在 WPF 中 XAML 和 C#都能通过不同的方法实现 UI。

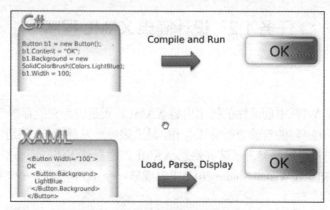

图 1-10　XAML 和 C#各自的 UI 实现

注意：XAML 对于 WPF 不是必需的，理解这一点很重要。Visual Studio 也可以使用 Windows 窗体方法，通过语句代码来构造 WPF 窗口。但是如果这样的话，窗口将被限制在 Visual Studio 开发环境之内，并且只能由开发人员使用。

1.2.2　XAML 语法基础

XAML 是一种由 XML 派生而来的语言，所以很多 XML 中的概念在 XAML 中是通用的。除了 XML 的特性外，XAML 更是具备大量的专有特性。

1. 命名空间

XAML 命名空间的概念和 C#代码中的 Using、VB.NET 代码中的 Import 类似，它为对象元素的实例化提供引用类库声明，避免使用冗长的完全限定名。

编程框架能够区分用户声明的标记和框架声明的标记，并通过命名空间限定来消除可能的标记冲突。例如一个新建的 WPF 窗体的定义代码：

```
<Window x:Class="HelloWorld.MainWindow"
        xmlns="http://schemas.microsoft.com/winfx/2006/xaml/presentation"
        xmlns:x="http://schemas.microsoft.com/winfx/2006/xaml"
        Title="WPF 案例" Height="300" Width="300">
    <Grid >
    </Grid>
</Window>
```

命名空间的语法格式如下：

```
xmlns[:可选的命名空间前缀]="名称空间"
```

xmlns 后可以跟一个可选的映射前缀，之间用冒号分隔，如果没有写可选映射前缀，就意味着所有来自这个命名空间的标签都不用加前缀，这个没有映射前缀的命名空间称为"默认命名空间"，默认命名空间只能有一个。默认命名空间无需定义命名空间前缀名，即意味着所有来自于这个命名空间的标签前都不用加前缀。默认命名空间只能有一个，而且应该选择其中元素被最频繁使用的命名空间来充当。命名空间格式及功能如图 1-11 所示。

图 1-11　命名空间格式

前面的例子中，Window 和 Grid 都属于 xmlns=http://schemas.microsoft.com/winfx/2006/xaml/presentation 声明的默认命名空间，而 Class 特征来自于 xmlns:x=http://schemas.microsoft.com/winfx/2006/xaml 声明的命名空间，如果给 xmlns=http://schemas.microsoft.com/winfx/2006/xaml/presentation 声明的命名空间加上一个前缀，例如"n"，那么代码必须修改成这样：

```
<n:Window x:Class=" HelloWorld.MainWindow"
        xmlns:n="http://schemas.microsoft.com/winfx/2006/xaml/presentation"
        xmlns:x="http://schemas.microsoft.com/winfx/2006/xaml"
        Title="MainWindow" Height="300" Width="300">
    <n:Grid>
    </n:Grid>
</n:Window>
```

在 WPF 窗体自动生成的代码中，自动引用进来的两个命名空间非常重要。其中默认命名空间映射的是 http://schemas.microsoft.com/winfx/2006/xaml/presentation，它代表了如下的命名空间：

```
. System.Windows
. System.Windows.Automation
. System.Windows.Controls
. System.Windows.Controls.Primitives
. System.Windows.Data
. System.Windows.Documents
. System.Windows.Forms.Integration
. System.Windows.Ink
. System.Windows.Input
. System.Windows.Media
. System.Windows.Media.Animation
. System.Windows.Media.Effects
. System.Windows.Media.Imaging
. System.Windows.Media.Media3D
. System.Windows.Media.TextFormatting
. System.Windows.Navigation
. System.Windows.Shapes
```

也就是说，在 XAML 中我们可以直接使用这些命名空间中的类型，而不需要使用前缀（完全限定名）。

而 x 命名空间映射的是 http://schemas.microsoft.com/winfx/2006/xaml，它包含的类均与解析 XAML 语言相关，所以也称之为"XAML 命名空间"。

与 C#语言一样，XAML 也有自己的编译器。XAML 语言被解析并编译，最终形成微软中间语言保存在程序集中。在解析和编译 XAML 的过程中，我们经常要告诉编译器一些重要的信息，如 XAML 编译的结果应该和哪个 C#代码编译的结果合并、使用 XAML 声明的元素是 public 还是 private 访问级别等。这些让程序员能够与 XAML 编译器沟通的工具就存在 x:命名空间中。它包含的用法非常多，可以分为 Attribute、标签扩展、XAML 指令元素三个种类，每个类别都有一些特别的用法。

下面对其中常用的几种形式进行介绍。

（1）x:Key。

在 XAML 文件中，我们可以把需要多次使用的内容提取出来放在 Resource Dictionary（资源字典）中，需要使用的时候就用这个资源的 Key 将这个资源检索出来。

在 WPF 中，几乎每个元素都有自己的 Resource 属性，这个属性就是 key-value 的集合。只要把元素放进这个集合里，这个元素就成了资源字典中的一个条目。当然，为了能检索到这个条件，就必须为它添加 x:Key。x:Key 的作用就是为资源贴上用于检索的索引，它为资源字典中的每个资源设置一个唯一键。注意，在带有 x:Key 的 XAML 中指定的值总是被作为字符串处理的，除非使用标记扩展，否则它不会尝试使用类型转换。

```
<ResourceDictionary xmlns="http://schemas.microsoft.com/winfx/2006/xaml/presentation"
xmlns:x="http://schemas.microsoft.com/winfx/2006/xaml">
    <Color x:Key="1" A="255" R="255" G="255" B="255"/>
    <Color x:Key="2" A="0" R="0" G="0" B="0"/>
</ResourceDictionary>
```

（2）x:Class。

这个 Attribute 是告诉 XAML 编译器将 XAML 编译器编译的结果和后台编译结果的哪一个类进行合并。以窗体类为例，XAML 中：

```
<Window x:Class=" HelloWorld.MainWindow"...>
</Window>
```

而在 CS 代码中：

```
namespace HelloWorld
{
    public partial class MainWindow : Window
    {
        public MainWindow()
        {
            InitializeComponent();
        }
    }
}
```

同样的类名 MainWindow 前使用了 partial 关键字，这样由 XAML 解析成的类和 C#代码文件里定义的部分就合二为一了。正是这种机制我们才可以把类的逻辑代码留在.CS 文件里，用 C#语言来实现，而把那些与声明及布局 UI 元素相关的代码分离出去，实现 UI 与逻辑分离。而后者使用 XAML 和 XAML 编辑工具就能轻松搞定。

（3）x:Name。

它表示处理 XAML 中定义的对象元素后，为运行时代码中存在的实例指定运行时对象名称。在实际项目中，控件元素和资源的命名规则是只在需要的时候对控件和资源进行命名操作，绝大多数 XAML 元素都没有明确命名，因为它们不需要被其他代码所访问，其存在仅仅是提供静态作用。这样的好处有以下几点：

● 减小 XAML 文件或应用程序尺寸，加快 InitializeComponent 初始化调用速度。

● 易于项目维护。

但是对于需要被代码访问的控件元素或者资源就需要明确命名，其使用形式如下：

```
<object x:Name="XAMLNameValue".../>
```

例如没有被命名的标签：

```
<Label Content="Hello World!" HorizontalAlignment="Left" VerticalAlignment="Top" RenderTransform-
Origin="6.542,8.3" Margin="164,71,0,0"/>
```

被明确命名的标签：

```
<Label x:Name="lbTips" Content="Hello World!" HorizontalAlignment="Left" VerticalAlignment="Top"
RenderTransformOrigin="6.542,8.3" Margin="164,71,0,0"/>
```

每个已定义的 x:Name 在一个 XAML 名称范围中必须是唯一的。通常，XAML 名称范围在所加载页面的根元素级别定义，其中包含单个 XAML 页面中该元素下面的所有元素。

（4）x:Type。

一般情况下，我们在编程中操作数据类型的实例或者实例的引用，但有的时候我们也需要用到数据类型本身。

x:Type 顾名思义应该是一个数据类型的名称。当想在 XAML 中表达某一数据类型时就需要用到 x:Type 标记扩展。比如某个类的一个属性，它的值要求的是一个数据类型，当我们在 XAML 中为这个属性赋值时就需要用到 x:Type。如下案例中设置了按钮的通用样式，当前窗体中所有的按钮默认都将自动获得该样式。

```
<Window.Resources>
    <Style x:Key="{x:Type Button}" TargetType="{x:Type Button}">
        <Setter Property="Width" Value="30"></Setter>
        <Setter Property="Background" Value="black"></Setter>
    </Style>
</Window.Resources>
```

（5）x:Null。

在 XAML 里面表示空值就是 x:Null。多数时候我们不需要为属性赋一个 Null 值，但如果一个属性开始就有默认值而我们又不需要这个默认值则需要用到 Null 值了。在 WPF 中，Style 是按照一个特定的审美规格设置控件的各个属性，程序员可以为控件逐个设置 style，也可以指定一个 style 目标控件类型，一旦指定了目标类型，所有的这类控件都将使用这个 style——除非你显式地将某个实例的 Style 设置为 Null。

如 x:Type 案例中对所有按钮设置了通用的样式，如果某个按钮不要该样式，则可以用 x:Null。

```
<Button Content="个性" Height="23"   Style="{x:Null}"/>
```

（6）x:Code。

x:Code 的作用是可以在 XAML 文档中编写后置的 C#后台逻辑代码，当然这样写的问题是破坏了 XAML 和 CS 文件的分工，使得代码不容易维护，不易调试。

WPF 中对它的使用有严格的限制，同时并不建议使用。

2. XAML 对象

因为 XAML 是用来在 UI 上绘制控件的，而控件本身就是面向对象的产物，所以一个 XAML 标签就意味着一个对象。在 XAML 中，对象和对象之间的层次关系要么是并列，要么是包含，全部都体现在标签的关系上。

XAML 中使用开始标记和结束标记将对象实例化为 XML 格式的元素：

```
<Canvas>
 </Canvas>
```

对象中可以包含其他对象，如：

```
<Canvas>
    <Rectangle></Rectangle>
    </Canvas>
```

若一个对象中不包含其他对象，可以使用一个自结束标记来声明对象：

```
    <Rectangle/>
```

3. XAML 对象属性

属性是面向对象的术语。在使用面向对象思想编程时，常常需要对客观事务进行抽象，再把抽象出来的结果封装成类,类中用来描述事物状态的成员就是属性。比如对一个车辆对象，就有长度、宽度、高度、重量和速度等数据来描述，这些都是它的属性。

在 XAML 中对于属性有两种表述，针对标签而言时属性叫 Atrribute，针对对象而言时属性叫 Property，它们不是一个层面上的内容。而且标签的 Atrribute 与对象的 Property 也不是完全映射的，往往是一个标签所具有的 Atrribute 多于它所代表的对象的 Property。

在 XAML 中也使用属性对 XAML 元素特征进行描述，并且属性不允许在 XAML 中重复设置多次，但允许在托管代码中改变元素的属性值。

在 XAML 中有多种属性设置方法。

（1）使用属性语法。

只有实例化对象才可以设置实例属性，格式如下：

```
<objectName propertyName="propertyValue"/>
```

或者

```
<objectName propertyName="propertyValue">
    </objectName>
```

每个属性对应一个属性值，属性值类型必须与属性匹配，一个标记中可以设置对象的多个属性，例如：

```
<Canvas Width="150" Height="150" Background="Red">
</Canvas>
```

（2）使用属性元素语法。

某些属性可以使用属性元素语法来设置，格式如下：

```
<object>
    <object.property>
        <!--元素属性值-->
    </object.property>
    </object>
```

富创建是 WPF 的亮点之一，我们可以用 Button 来演示，可以把任意内容放在 Button 里面，不仅限于文本，例如下面在 Button 中嵌入了一个简单的方形来做一个视频播放器的停止按钮。Button 的 Content 属性是 System.Object 类型的，因此它很容易被设置到 40×40 的 Rectangle 对象。但如何才能在 XAML 中用属性特性语法做相同的事呢？你该为 Content 属性设置哪种字串才能完成 C#中声明的 Rectangle 功能呢？没有这样的字串，但 XAML 提供了一种替代的语法来设置复杂的属性值，即属性元素，如下：

```
<Button xmlns="http://schemas.microsoft.com/winfx/2006/xaml/presentation">
<Button.Content>
    <Rectangle Height="40" Width="40" Fill="Black"/>
</Button.Content>
</Button>
```

Content 属性被设置为一个 XML 元素而不是 XML 特性，Button.Content 中的句点用于区分对象元素（Object Element）与属性元素（Property Element）。它们总会以"类型名.属性名"（TypeName.PropertyName）的形式出现，总会包含在"类型名"对象元素中，但它们没有属于自己的特性。

属性元素语法也可以用于简单的属性值。下面的 Button 使用特性设置了两个属性，它们是 Content 和 Background：

```
<Button  Content="OK"  Background="White"/>
```

（3）使用内容元素语法。

某些元素的属性支持内容元素语法，允许忽略元素的名称，实例对象会根据 XAML 元素中的第一个标记值来设置属性。对于大量的格式化文本，使用内容元素语法更加灵活，属性标记之间可以插入大量的文本内容。

```
<TextBlock Width="200" TextWrapping="Wrap">
Windows 8 是微软即将推出的最新 Windows 操作系统。Windows 8 支持个人电脑（Intel 平台系统）及平面电脑（Intel 平台系统或 ARM 平台系统）。Windows 8 大幅改变以往的操作逻辑，提供更佳的屏幕触控支持。
</TextBlock>
```

（4）使用集合语法。

元素支持一个属性元素的集合时才能使用集合语法进行属性设置。对于这类属性可以使用托管代码的 Add 方法来增加更多的集合元素，它的本质是向对象的集合中添加属性项。

```
<Rectangle Width="200" Height="150">
    <Rectangle.Fill>
        <LinearGradientBrush>
            <GradientStopCollection>
                <GradientStop Offset="0.0" Color="Gold"/>
                <GradientStop Offset="1.0" Color="Green"/>
            </GradientStopCollection>
        </LinearGradientBrush>
    </Rectangle.Fill>
</Rectangle>
```

4. XAML 的特殊属性

对 XAML 对象，除了一些常见属性外，还有一些特殊属性。

（1）附加属性。

附加属性作用于支持附加属性的元素，它是由支持附加属性的父元素产生作用，支持附加属性的元素会继承所在的父元素的属性。

附加属性的格式：AttachedPropertyProvider.PropertyName。

例如：

```
<Canvas>
<Rectangle Canvas.Left="50" Canvas.Top="50" Width="200" Height="150" RadiusX="10"
RadiusY="10" Fill="Gold"/>
</Canvas>
```

（2）依赖属性。

依赖属性和 CLR 属性类似，提供一个实例级私有字段的访问封装，通过 GetValue 和 SetValue 访问器实现属性的读写操作。最重要的一个特点是属性值依赖于一个或者多个数据源，提供这些数据源的方式也可以不同。由于依赖多数据源的缘故，因此称之为依赖属性。

依赖属性可以通过多种不同类型的数据源进行赋值，不同赋值顺序影响属性值的改变，其优先级如图 1-12 所示。

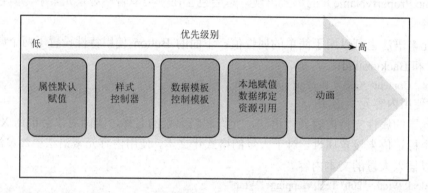

图 1-12　属性依赖优先级

例如：

```
<Page.Resources>
<Style x:Key="ButtonStyle" TargetType="Button">
  <Setter Property="Foreground" Value="Red"/>
  <Setter Property="FontSize" Value="24"/>
</Style>
</Page.Resources>

<Button Content="依赖属性测试" Style="{StaticResource ButtonStyle}" Width="240"/>
```
在案例中按钮使用已经定义好的样式，即按钮的文字前景色为红色，字号为 24 号。
```
<Button Content="依赖属性测试" Style="{StaticResource ButtonStyle}" Width="240" Foreground
="Yellow" FontFamily="14"/>
```

在该案例中根据依赖属性优先级，本地属性的赋值具有更高优先级，因此其样式属性赋值就没有效果了，按钮的文字前景色为黄色，字号是 14 号。

5．XAML 在 Windows 8 Metro 中的新特性

微软 Windows 8 系统不仅适用于 PC，而且适用于平板电脑。针对平板电脑的特性，XAML 也增加了新的事件处理特性，主要体现在：

（1）继承传统事件处理机制，XAML 将控制按钮单击事件。

（2）监听列表控件选项事件。

（3）监听应用激活和暂停事件。

（4）触控事件处理，包括指针处理、手势处理和控制操作事件等。

常用触控事件列表

Pointers	Gestures	Manipulation
Pressed	Tapped	Starting
Released	RightTapped	Started
Moved	DoubleTapped	Delta
Canceled	Holding	Completed
CaptureLost		InteriaStarting
Entered		
Exited		

1.2.3　WPF 中的树

在许多技术中，元素和组件都按树结构的形式组织，在这种结构中，开发人员可以直接操作树中的对象节点来影响应用程序的呈现或行为。WPF 也使用了若干树结构形式来定义程序元素之间的关系。多数情况下，WPF 开发人员可以用代码创建应用程序，也可以用 XAML 定义应用程序的组成部分。与此同时，他们在概念层面上考虑对象树形式，但却要调用具体的 API 或使用特定的标记来实现对象树，而不是像在 XML DOM 中那样，使用某些常规对象树操作 API。WPF 公开两个提供树形式视图的帮助器类：LogicalTreeHelper（逻辑树）和 VisualTreeHelper（可视化树），它们有助于理解某些关键 WPF 功能的行为。

1. 逻辑树

XAML 天生就是用来呈现用户界面的，这是由于它具有层次化的特性。在 WPF 中，用户界面由一个对象树构建而成，这棵树叫做逻辑树。逻辑树始终存在于 WPF 的 UI 中，不管 UI 是用 XAML 编写还是用代码编写。WPF 的每个方面（属性、事件、资源等）都是依赖于逻辑树的。WPF 逻辑树的理解对深入开发至关重要。下面就把逻辑树这个概念比较容易被误解的地方加以说明：

（1）WPF 逻辑树并不只存在于使用 AML 构建的对象中，使用程序代码构建的对象同样存在逻辑树。XAML 是专门用于 WPF 编程的新 API，就像当初 C#是专门用于 .NET 开发的 API 一样。因此，只要"界面对象"被创建出来，我们就可以为其绘制逻辑树。

（2）WPF 逻辑树描述的是"界面对象"的构建过程，而不是"界面对象"的结构。逻辑树是由"界面对象"及其所包含的对象共同构成的，这些被包含的对象是在创建"界面对象"时被添加到该"界面对象"的。

（3）WPF 逻辑树是由"界面对象"及其"内容属性"构成的，他们之间是树结构中的"父节点"与"子节点"。"子节点"还可以继续展开直至"子节点"不再包含"内容属性"，那么就可以说这个"子节点"是逻辑树中的一个"叶子节点"。

（4）没有值的"内容属性"不会出现在逻辑树中，只有具有属性值的"内容属性"才是逻辑树的一个节点。

（5）在逻辑树中，看不到来自所应用模板的可视化对象。

2. 可视化树

可视树可以说是逻辑树的扩展，它是把逻辑树中的每个节点全部打散，然后放到可视组件中，这样形成的一棵树叫做可视树。在可视树中出现的节点有些在逻辑树中是没有的。逻辑树的节点对我们而言基本是一个黑盒。而可视树不同，它暴露了视觉的实现细节。并不是所有的逻辑树节点都可以扩展为可视树节点。只有从 System.Windows.Media.Visual 和 System.Windows.Media.Visual3D 继承的元素才能被可视树包含。其他的元素不能包含是因为它们本身没有自己的提交（Rendering）行为。

3．两种树的观察和比较

例如有如下 XAML：

```
<Window>
    <Grid>
        <Label Content="Label" />
        <Button Content="Button" />
    </Grid>
</Window>
```

则它们的整个树结构如图 1-13 所示。

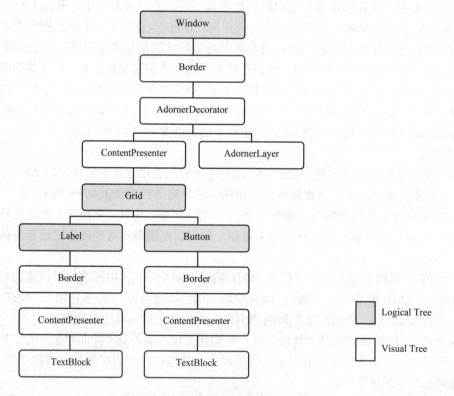

图 1-13　WPF 窗体的逻辑树与可视化树

实际应用中可以借助 WPF Inspector 工具（如图 1-14 所示）进行两种树结构的查看。

例如对如下 XAML：

```
<Window x:Class="WpfApplication1.MainWindow"
        xmlns="http://schemas.microsoft.com/winfx/2006/xaml/presentation"
        xmlns:x="http://schemas.microsoft.com/winfx/2006/xaml">
    <Button Content="Hello World" Width="200" Height="100"/>
</Window>
```

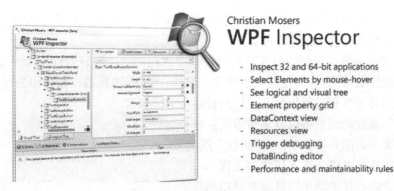

图 1-14 WPF Inspector 工具

运行结果如图 1-15 所示。

图 1-15 案例运行效果

使用 WPF Inspector 工具观测结果如图 1-16 所示。

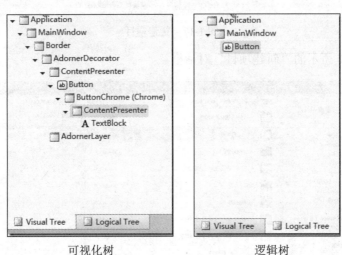

可视化树   逻辑树

图 1-16 观测结果

我们看出以下特性：

（1）WPF 启动程序的根元素均为 Application。

（2）逻辑树与 XAML 的布局结构是相同的。

（3）可视化树是根据控件的模板来呈现的，我们很难猜测可视化树的结构，因为控件还可以自定义模板。

【任务分析】

完成前面的知识准备，我们现在来对"Hello World!"程序任务进行分析。

要实现 Hello World 信息的展示，结合 XAML 知识，可以在窗体上放入标签的 XAML，并调整其属性，让其呈现在窗体中间。

对于标签来说，要实现居中显示，可以有两个思路：一个是针对固定大小窗体，主要是对位置的相关属性赋值；另一个是对大小变化的窗体，主要是对标签在窗体中的相对位置赋值。后者具有更高的灵活性和自适应性，我们选择这个方式实现。

要实现对其属性的调整可以有多种方式：

● 使用属性语法直接在 XAML 属性上设定值。

● 使用属性元素语法嵌入属性的设置。

对于位置设定这样的简单属性推荐使用属性语法。

【任务实施】

1. 新建 WPF 项目

打开 Visual Studio 2012，单击"文件"→"新建"→"项目"命令，如图 1-17 所示。

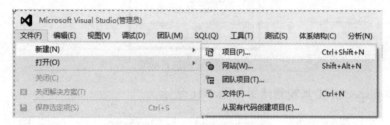

图 1-17　新建项目

弹出如图 1-18 所示的"新建项目"对话框。

图 1-18　"新建项目"对话框

在该对话框中，左边默认选中 Visual C#，右边选择"WPF 应用程序"。如果栏目中没有"WPF 应用程序"项目，则可能是上面的.NET Framework 版本过低，只有选择 3.0 或更高版本的才有。同样道理也可以为 WPF 程序设定发布的目标.NET Framework 版本。

输入好名称，选择好保存位置，单击"确定"按钮，一个 WPF 程序就创建好了。

2. 制作"Hello World!"显示

因为要显示到窗体中央,常见方法有以下两种:

(1)将标签控件坐标修改为中央。

直接在窗体中加入标签的 XAML,并修改其属性,将其呈现到窗体中央。窗体布局效果如图 1-19 所示。

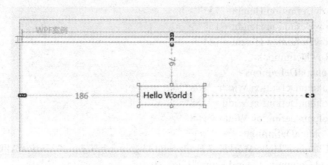

图 1-19 窗体控件直接定位布局图

窗体 XAML 如下:

```
<Window x:Class="HelloWorld.MainWindow"
        xmlns="http://schemas.microsoft.com/winfx/2006/xaml/presentation"
        xmlns:x="http://schemas.microsoft.com/winfx/2006/xaml"
        Title="WPF 案例" Height="200" Width="462">
    <Grid>
        <Label Content="Hello World!" Margin="186,76" Height="28" Width="99"/>
    </Grid>
</Window>
```

这种方式制作简单,但是属于传统 Windows 程序制作思维,只适合于窗体控件很少的时候。

(2)对窗体 Grid 进行分割布局,然后让标签位置选择中心布局单元格。

选中窗体后,鼠标移动到窗体的上下左右边都会出现黄色小箭头,单击即可产生一个窗体布局切割线,已经产生的切割线可以删除,也可以拖放来重新定位,将窗体切割成奇数行和奇数列,让中心单元格就呈现在中心位置。然后添加标签 XAML,配置其基本属性和布局位置属性。

窗体布局效果图如图 1-20 所示。

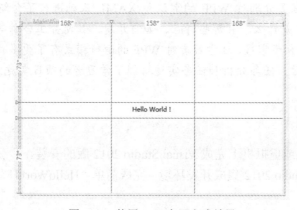

图 1-20 使用 Grid 布局方式效果

窗体 XAML 如下：

```
<Window x:Class=" HelloWorld.MainWindow "
        xmlns="http://schemas.microsoft.com/winfx/2006/xaml/presentation"
        xmlns:x="http://schemas.microsoft.com/winfx/2006/xaml"
        Title="MainWindow" Height="350" Width="525">
    <Grid>
        <Grid.RowDefinitions>
            <RowDefinition Height="73*"/>
            <RowDefinition Height="15*"/>
            <RowDefinition Height="72*"/>
        </Grid.RowDefinitions>
        <Grid.ColumnDefinitions>
            <ColumnDefinition Width="168*"/>
            <ColumnDefinition Width="158*"/>
            <ColumnDefinition Width="168*"/>
        </Grid.ColumnDefinitions>
        <Label Content="Hello World！" HorizontalAlignment="Center" VerticalAlignment="Top"
            Grid.Column="1" Grid.Row="1"/>
    </Grid>
</Window>
```

在后面的程序设计中，我们都推荐大家使用窗体 Grid 进行布局（详细布局方式见项目二），该方式布局程序具有一定的自适应性，容易理解接受，精心设计后能够达到类似网页般自由放缩的效果。

无论使用哪种方式制作的程序，制作完毕后，单击工具栏中的"启动"按钮（或者按快捷键 F5），都可看到图 1-1 所示的效果。

【任务小结】

1．本任务介绍了 XAML 的特点、特性、属性和事件。通过这些介绍大家需要体会为什么 WPF 可以做到 UI 和代码设计分离，甚至不同的工具做的事情还可以整合。

2．本任务演示了最简单的 WPF 程序的创建和制作过程。尽管要求简单，但也提供了两种思路来解决，给初学者一些参考。没有固定的方法，条条道路通罗马。

项目总结

本项目通过两个任务分别对 WPF 的常识和 XAML 基础进行了介绍，一方面让学习者循序渐进地理清了 WPF 是什么、有哪些特点、如何开发、如何分工合作等情况，又对 WPF 的新推技术 XAML 有了初步掌握，让学习者对 WPF 的运行模式有了更多体会；另一方面又通过任务的布置、知识学习、任务分析和任务实施培训了学习者的项目实施方法和能力。

项目实训

1．在个人计算机或虚拟机上完成 Visual Studio 2012 版的安装。

2．了解 Visual Studio 2012 集成开发环境，完成简单"HelloWorld！"程序的项目创建、编写、调试。

3．查询资料，学习使用 Blend for Visual Studio 2012，完成一些简单的设计。

项目二 WPF 布局设计——图书管理系统 UI 设计

项目描述

本项目将对 WPF 中的 Application 类及其配置文件 App.xaml、窗体、八类控件和 5 个布局控件进行系统学习，并分任务完成形状为不规则窗体效果的用户登录 UI 制作、具有综合布局要素的用户注册 UI 制作和拥有大量复杂控件的图书管理系统主界面制作。让学习者既能掌握各种 UI 设计的知识，又能掌握面对具体问题时的解决方法。

学习目标

1. 掌握 WPF 中的 Application 类。
2. 掌握 WPF 窗体的定义、引用和重要属性。
3. 掌握 WPF 的布局设计原则。
4. 掌握 WPF 中常用的布局面板。
5. 掌握 WPF 控件体系架构。
6. 掌握 WPF 常用控件应用。

能力目标

1. 会配置 App.xaml，确定项目程序如何启动与关闭。
2. 会根据需求选择恰当的布局控件来实现 UI。
3. 会选择恰当的布局方法来实现 UI 布局。
4. 会正确地配置常见控件并完成特定 UI 设计。

任务 2.1 设计图书管理系统登录界面

【任务说明】

应用 Application 类、App.xaml 和窗体的相关知识设计并制作一个如图 2-1 所示的个性化不规则登录窗体。该窗体应该具备登录窗体所必需的控件，同时具有漂亮背景的，不规则的，没有标题栏、系统菜单、窗体图标、"最大化"按钮、"最小化"按钮和"关闭"按钮的窗体，但是登录窗体会自动居中显示，并且允许用户拖动。

图 2-1　不规则登录窗体

【预备知识】

2.1.1　认识 Application

和 C# WinForm 类似，Application 是 System.Windows 命名空间里的一个类（应用程序类），该类具有用于启动和停止应用程序和线程以及处理 Windows 消息的方法。它能启动当前线程上的应用程序消息循环，并可以选择使某窗体可见，也能来停止消息循环。当程序在某个循环中时，还可以借助它处理消息、向应用程序消息泵添加消息筛选器来监视 Windows 消息。甚至还可以借助它阻止引发某事件或在调用某事件处理程序前执行特殊操作。因此 Application 类是 WPF 程序的一个重要类，通常我们就将该类的实例称为应用程序实例，代表当前应用程序，Application 的生命周期自然是从应用程序启动到终止的周期。

1．Application 的创建

Application 的创建分为显式和隐式两种方式。

（1）隐式创建。

默认创建的 WPF 应用程序里的 App.xaml 就是专门为 Application 服务的，它提供了 Application 的属性设置和事件处理程序。默认情况下 App.xaml 通过 StartupUri 定义了程序的启动窗体，通过该文件系统自动创建了一个以该启动窗体为主窗体的应用程序实例，并自动运行（激活）。

```
<Application x:Class="BookMis.App"
           xmlns="http://schemas.microsoft.com/winfx/2006/xaml/presentation"
           xmlns:x="http://schemas.microsoft.com/winfx/2006/xaml"
           StartupUri="MainWindow.xaml">
    <Application.Resources>
    </Application.Resources>
</Application>
```

一个顶级窗口就是不包含或者不从属于其他窗口的窗口。Application 被创建后第一个创建的顶级窗口就是主窗口，也可以通过设置 MainWindow 属性来改变主窗口。

（2）显式创建。

使用这种方法需要删除 App.xaml 中的 StartupUri 的值，并且启动函数 Main 必须是静态的，基本类似于 C# WinForm 的启动程序。

```
[STAThread]      //是一种线程模型，用在程序的入口方法上
static void Main()
{
```

```
        MainWindow win = new MainWindow ();      //MainWindow 是启动窗体类名
        Application app = new Application();
        app.Run(win);
}
```

除了借助 App.xaml 信息创建 Application 实例外，我们还可以用类似 C#程序一样的方法创建一个独立的启动类，声明静态 Main()方法来创建应用程序实例。

该方法需要先删除 App.xaml 或者将其排除在项目外，不然程序会报有两个入口的错误。其具体实现有两种方式，第一种是给应用程序定义一个启动窗体，然后分别启动窗体和应用程序；第二种是代码配置应用程序的 StartupUri 属性，然后启动应用程序，该窗体会被自动启动。

需要注意新增类中使用 Application 类需要包括 System.Windows 命名空间，该命名空间对新建类不是默认加载。

```
[STAThread]    //是一种线程模型，用在程序的入口方法上
static void Main()
 {
        MainWindow win = new MainWindow ();      //MainWindow 是启动窗体类名
        Application app = new Application();
        app.MainWindow = win;        //这个 MainWindow 是应用程序主窗体属性
win.Show();
        app.Run();
}
```

或者

```
[STAThread]       //是一种线程模型，用在程序的入口方法上
static void Main()
 {
        Application app = new Application();
        app.StartupUri = new Uri("MainWindow.xaml", UriKind.Relative);
        app.Run();
}
```

（3）隐式创建的恢复。

如果我们尝试了新建类方法后希望恢复 WPF 的 App.xaml 来启动系统，则编译后会报错："不包含适合于入口点的静态 Main 方法"，这是因为 App.xaml 文件的默认"生成操作"属性已经被更改为 Page 了，需要手动重新更改为 ApplicationDefinition，如图 2-2 所示。

图 2-2 App.xaml 文件的生成操作设定

2. Application 的属性

（1）ShutdownMode 是 WPF 应用程序的一个属性，设定程序什么时候才认定结束，它是一个枚举值，含义如表 2-1 所示。

表 2-1   Application 的 ShutdownMode 属性

属性值	属性说明
OnExplicitShutdown	显式调用关闭，例如： Application.Current.Shutdown(-1);
OnLastWindowClose	应用程序最后一个窗体关闭时关闭应用程序
OnMainWindowClose	应用程序主窗体关闭时关闭应用程序

该属性通常通过 App.xaml 来进行设定。

```
<Application x:Class="BookMis.App"
        xmlns="http://schemas.microsoft.com/winfx/2006/xaml/presentation"
        xmlns:x="http://schemas.microsoft.com/winfx/2006/xaml"
        Startup="Application_Startup"
        ShutdownMode="OnMainWindowClose">
```

（2）StartupUri 属性。

StartupUri 属性用于设置应用程序的启动窗口，也就是主窗体。前面介绍 Application 的创建中已经看到，既可以通过 App.xaml 来设定，也可以通过代码在静态入口 Main()中定义。

（3）MainWindow 属性。

MainWindow 属性主要用于代码状态下获得或者更改应用程序主窗体。在前面的案例中也有介绍。

3．Application 的方法

（1）Run()方法。

Run()方法将已经创建的应用程序对象开始运行，也称为激活；调用该方法时可以带一个窗体名作为实参，也可以无参数。该方法的运行会触发 Application 的 Startup 事件（Application 的事件处理程序，定义在 App.xaml.cs 里）。

（2）Shutdown()方法。

无论哪种方式启动的应用程序我们都可以通过 Application.Current 来作为其 Application 实例。在该实例下，可以调用 Shutdown()方法主动结束程序运行。当应用程序退出时，触发 Exit 事件。

2.1.2   认识窗体

窗体是 WPF 中最重要的一个呈现控件，它能够容纳其他的 WPF 控件，用户通常也是通过窗口来与 WPF 应用程序进行数据交互的。简单地说，WPF 窗体就是应用程序的载体，承载了控件和用户数据展示。

WPF 技术从传统 Windows 技术发展而来，WPF 窗体也继承了很多 WinForm 窗体特性，同时又具有很多自己的个性，特别是在美观上能够轻松制作出过去很难实现的炫酷效果。

1．窗体的组成

一个 WPF 窗体被分为两个区域：客户区和非客户区，它的构成如图 2-3 所示。

非客户区部分包括普通窗体的通用组成部分，它们为：

● 边框（Border）。

● 标题栏（Title Bar）。

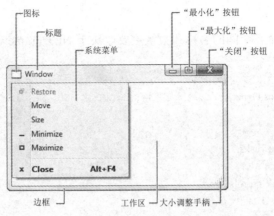

图 2-3 窗体的基本构成

- 图标（Icon）。
- "最大化"按钮、"最小化"按钮、"还原"按钮、"关闭"按钮。
- 系统菜单。

而客户区，也可以称之为工作区，它是用于供开发人员自定义内容的区域。在 WPF 中，窗体的实现类为 System.Windows.Window。窗体也是一种控件，它们与 Button、UserControl 等同属于 WPF 架构中的 FrameworkElement。

2. 窗体的创建

（1）物理窗体的创建。

- 通过项目管理菜单添加新 WPF 窗体，如图 2-4 所示。

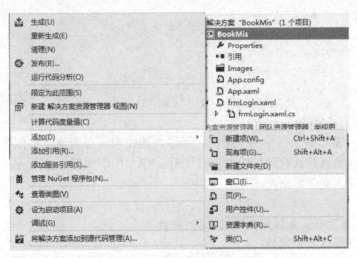

图 2-4 项目右键菜单添加 WPF 窗体

- 直接用 XAML 创建窗体。

这种方式最好是先添加 WPF 窗体，后修改其 XAML。如果是复制来的代码，注意修改其中的窗体类名。

```
<Window x:Class="BookMis.frmLogin"
xmlns="http://schemas.microsoft.com/winfx/2006/xaml/presentation"
xmlns:x="http://schemas.microsoft.com/winfx/2006/xaml" >
</Window>
```

● 窗体的后台代码。

CS 文件中的默认命名空间的名称和数量主要取决于.NET Framework 的版本，以及项目引用控件的多少。

```
using System;
using System.Collections.Generic;
using System.Linq;
using System.Text;
using System.Threading.Tasks;
using System.Windows;
using System.Windows.Controls;
using System.Windows.Data;
using System.Windows.Documents;
using System.Windows.Input;
using System.Windows.Media;
using System.Windows.Media.Imaging;
using System.Windows.Shapes;

namespace BookMis
{
    /// <summary>
    /// frmLogin.xaml 的交互逻辑
    /// </summary>
    public partial class frmLogin : Window
    {
        public frmLogin()
        {
            InitializeComponent();
        }
    }
}
```

（2）窗体对象的创建。

默认创建好的窗体是项目中的一个类，不能直接使用，必须使用窗体名定义出窗体对象才能使用。即便对项目默认自动加载的窗体（App.XAML 中或通过 Program.CS 中定义），其运行实际上也是先定义了对象再运行的。

定义格式：

```
窗体名  窗体对象名=new  窗体名([可选的构造参数]);
```

例如，定义并运行一个窗体：

```
frmLogin fLogin=new frmLogin();
fLogin.Show();
```

3. 窗体的生存周期

窗体的生命周期对编程的时候影响甚大，如果不清楚窗体的生命周期，一不小心很可能就引发对象空引用的错误，一个窗体的生命周期如图 2-5 所示。

在调用 Show()方法进行窗体显示之前，窗体会进行初始化工作，此时会引发 SourceInitialized 事件，此后呈现窗体。当窗体第一次显示时，便引发窗体的 Activated 事件，使得该窗体成为活动窗体，活动窗体能够接受用户输入。激活窗体操作完成之后，窗体的 Load

事件才会被触发，其后引发 ContentRendered 事件，当 ContentRendered 引发后表示窗体已经被打开。而此时，如果切换了窗体，那么原本的活动窗体便会引发 Deactivated 事件，而切换到的窗体引发 Activated 事件。窗体是否处于活动状态，可以通过 IsActive 属性来确定。

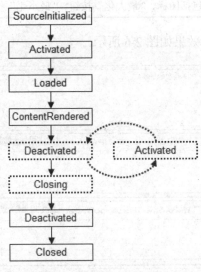

图 2-5　窗体各生命周期

下面看一下窗体的关闭过程，单击"关闭"按钮或者用系统热键 Alt+F4，调用窗体的 Close() 方法或者用其他方式关闭窗体的时候，都会触发窗体的 Closing 事件和 Closed 事件。Closing 在窗口关闭之前，用于提供一种机制来阻止窗口关闭，比如关闭之前检查数据是否已经被成功提交从而决定关闭操作是否继续。如果要阻止关闭窗口，可以将 Closing 事件的 CacelEventArg 参数的 Cacel 属性设置为 True。在 Closing 中没有被取消的窗体将触发 Closed 事件。

4．窗体的状态和模式

窗体的模式主要包括三个属性的应用，如表 2-2 所示。

表 2-2　窗体的主要模式属性

属性名	属性描述
ResizeMode	窗体边框有 4 种模式：不能调整（NoResize）、能调整（CanResize）、不可调整但能最小化（CanMinimized）、可利用右下角来调整窗体且右下角显示可调节样式（CanResizeWithGrip）
WindowsStartupLocation	窗体有 3 种起始位置：设计位置（Manual）、屏幕中央（CenterScreen）、MDI 父窗体中央（CenterOwner）
WindowState	窗体有 3 种状态：正常（Normal）、最小化（Minimized）、最大化（Maximized）

5．窗体的外观（如表 2-3 所示）

表 2-3　窗体的 WindowsStyle 属性

窗体样式	样式说明
None	不包括非客户区的标题栏、系统菜单、"最大化"按钮、"最小化"按钮、"关闭"按钮、图标等
SingleBorderWindow	普通边框

续表

窗体样式	样式说明
ThreeDBorderWindow	3D 边框
ToolWindow	不包括图标、"最大化"按钮、"最小化"按钮

这些外观样式对应的窗体效果如图 2-6 所示。

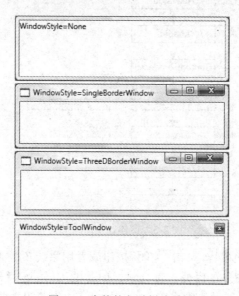

图 2-6　窗体的各种样式效果

6. 窗体之间的传值方式

WPF 窗体之间要实现数据传递可以采用如下 4 种方式：

（1）声明各全局变量，就是在 App.xaml 里面声明；在所有窗体里面都可以引用 Application.Current.Properties["ArgumentName"]。

（2）在目标窗体上面公开各属性，直接赋值。

（3）在 Uri 里面传参数 NavigationService.Navigate(window object,argument value);。

（4）定义一个静态类，所有窗体都可以访问静态类的静态数据成员。

参数传值实现较为繁琐，但是对其他窗体不会有影响；而全局的传值则需要合理使用，不宜多，以免降低程序的可维护性和可重用性。

2.1.3　主窗体的启动模式

绝大多数管理信息系统（MIS）应用程序都需要登录，登录窗体（如 frmLogin）和主窗体（如 MainWindow）启动方法很多，较为常见的有以下 3 种模式：

（1）登录验证后再启动。

这种模式下，登录窗体成为系统的 MainWindow，在整个应用程序运行期间都不能结束，否则会导致应用程序的结束，可以采取隐藏在后台。

当然也可以修改窗体的 ShutdownMode 为 OnLastWindowClose，或者不断修改应用程序的 MainWindow 属性来适应这种情况。

（2）先启动主窗体，然后隐藏，在主窗体启动事件中打开登录界面，然后再根据登录界面行为确定下一步：

1）用户放弃登录，退出程序。

2）用户登录成功，根据用户信息显示主窗口。

这种模式下主窗体就是应用程序的 MainWindow，较为符合程序运行逻辑，缺点是程序有闪烁。

（3）最主流的启动模式——在 App.xaml 中处理启动。

1）修改 App.xaml。

```
<Application x:Class="wpftest.App"
        xmlns="http://schemas.microsoft.com/winfx/2006/xaml/presentation"
        xmlns:x="http://schemas.microsoft.com/winfx/2006/xaml"
        Startup="Application_Startup"
        ShutdownMode="OnMainWindowClose" >
```

上述 XAML 中，Startup="Application_Startup" 是设定程序的启动由 Application_Startup 事件代码来决定。

2）处理 Application_Startup 事件。

在 App.xaml.cs 里完善事件代码：

```
public partial class App : Application
{
    private void Application_Startup(object sender, StartupEventArgs e)
    {
        MainWindow fMain = new MainWindow();
        frmLogin fLogin = new frmLogin();
        if (fLogin.ShowDialog() == true)
        {
            fMain.Show();
        }
        else
        {
            fMain.Close();
        }
    }
}
```

注意主窗体一定要先创建，不然登录后整个程序就退出了。同时因为登录窗体是模式显示的，其结束的返回值被使用了，因此不能直接用 Close 方法结束，而是应该使用 this.DialogResult = false;（表示关闭窗体），用 this.DialogResult = true;（表示登录成功）。

2.1.4　不规则窗体

不规则窗体，顾名思义就是这种窗体是不同于传统的矩形窗体的，它们可以是各种奇怪的形状，三角形、圆形，还有各种位图造型。使用不规则窗体，WinForm 和 WPF 均可实现，不过相对传统 WinForm 较为麻烦些，需要调用 Windows API，而且效率不高，现在如果使用 WPF 则相对简单得多。

实现 WPF 不规则窗体的几种常用方法如下：

● 使用 Blend 等工具绘制一想要的窗体。

- 使用 Blender 制作想要的 Path 的说明。
- 给 Window 的 Clip 属性赋 Path 值。
- 使用透明背景的 PNG 图像。
- 为 Window 主容器添加 Border。

使用 Blend 工具当然是最佳选择，不过碍于篇幅本书没有对 Blend 工具进行介绍。这里介绍基于透明 PNG 图像和给窗体加 Border 的不规则窗体的制作方法。

1. 使用透明 PNG 图像制作不规则窗体

得到透明 PNG 图后，制作如下窗体 XAML：

```
<Window x:Class="BookMis.frmCartoon"
        xmlns="http://schemas.microsoft.com/winfx/2006/xaml/presentation"
        xmlns:x="http://schemas.microsoft.com/winfx/2006/xaml"
        Title="MainWindow" Height="412" Width="528"
        AllowsTransparency="True" WindowStyle="None" OpacityMask="White"
            Background="Transparent">
    <Grid MouseLeftButtonDown="Grid_MouseLeftButtonDown">
        <Image Stretch="Fill" Source="Images/Back2.png" />
    </Grid>
</Window>
```

为了实现不规则窗体，3 个窗体属性必须如下设置（也是后面 Border 方法的必需条件）：

- AllowsTransparency="True"：允许透明。
- Background="Transparent"：设置背景透明。
- WindowStyle="None"：去掉边框。

因为不规则窗体没有标题栏，无法正常拖动窗体，所以为 Gird 订阅的 MouseLeftButton-Down 路由事件正是为了实现窗体的拖动。

事件处理如下：

```
private void Grid_MouseLeftButtonDown(object sender, MouseButtonEventArgs e)
{
    this.DragMove();
}
```

窗体运行如图 2-7 所示。

图 2-7　透明 PNG 背景不规则窗体效果

这个窗体表现很好，透明区域鼠标移动上去后也看不出来。对于缺少的关闭或者最小化窗体的功能，我们可以在可见区域中放入能响应鼠标的控件进行单击事件编程。

修改后的 XAML 如下：

```
<Window x:Class="BookMis.frmCartoon"
        xmlns="http://schemas.microsoft.com/winfx/2006/xaml/presentation"
        xmlns:x="http://schemas.microsoft.com/winfx/2006/xaml"
        Title="MainWindow" Height="412" Width="528"
        AllowsTransparency="True" WindowStyle="None" OpacityMask="White"
            Background="Transparent">
    <Grid MouseLeftButtonDown="Grid_MouseLeftButtonDown">
        <Grid.ColumnDefinitions>
            <ColumnDefinition Width="127*"/>
            <ColumnDefinition Width="5*"/>
        </Grid.ColumnDefinitions>
        <Grid.RowDefinitions>
            <RowDefinition Height="191*"/>
            <RowDefinition Height="15*"/>
        </Grid.RowDefinitions>
        <Image Stretch="Fill" Source="Images/Back2.png" Grid.RowSpan="2" Grid.ColumnSpan="2" />
        <Button x:Name="btExit" Width="22" Height="22" Grid.Row="1" Grid.Column="1"
            Background="Transparent" Click="btExit_Click" Opacity="0"/>
    </Grid>
</Window>
```

将窗口 Grid 分块，然后在指定位置放一个透明没有外观的按钮覆盖 PNG 的可见区域，然后就可以响应按钮单击事件了。

```
private void btExit_Click(object sender, RoutedEventArgs e)
{
    this.Close();
}
```

2. 基于 Border 的不规则窗体

对于一些要求更简单的不规则窗体来说，不需要透明 PNG 图，只要任意一张漂亮的图片作背景即可。这种情况我们选择使用基于 Border 的不规则窗体制作方法，这种方法只对 Border 的编写有要求，而对于使用什么图形则没有要求，甚至于不用图形也可以，只是不好看罢了。

Border 是一个装饰的控件，此控件绘制一个边框、一个背景，在 Border 中只能有一个子控件，但它的子控件是可以包含多个子控件的容器。Border 的几个主要属性如下：

● Background：设置 Border 用来绘制背景的 Brush 对象。
● BorderBrush：设置 Border 用来绘制边框的 Brush 对象。
● BorderThickness：设置 Border 边框的宽度，此属性是一个 Thickness 对象，Thickness 是一个 struct 类型的对象，使用 Thickness 对象可以设置边框每一边的线条的宽度。
● CornerRadius：设置 Border 的每一个圆角的半径，值越大，圆角越大，此属性是一个 CornerRadius 对象，CornerRadius 是一个 struct 类型的对象。
● Padding：设置 Border 里的内容与边框之间的间隔，此属性是一个 Thickness 对象，可以使用此对象对每一边的间隔进行设置。

整个窗体的 XAML 如下：

```
<Window x:Class="BookMis.frmUnregular"
        xmlns="http://schemas.microsoft.com/winfx/2006/xaml/presentation"
        xmlns:x="http://schemas.microsoft.com/winfx/2006/xaml"
        Title="MainWindow" Height="350" Width="525" MouseLeftButtonDown="Grid_Drag"
        AllowsTransparency="True" WindowStyle="None" Background="Transparent">
    <Border CornerRadius="0,30,60,90" Width="Auto" Height="Auto" BorderThickness="1"
            BorderBrush="Green">
        <Border.Background>
            <ImageBrush ImageSource="Images/School.jpg"/>
        </Border.Background>
        <Grid>
        </Grid>
    </Border>
</Window>
```

不规则窗体没有办法通过标题栏移动窗体，可以给窗体增加鼠标左键按下事件来进行拖动处理。在本案例中因为图片是在 Border 中的属性，类似前面案例中给 Grid 赋予 Drag 事件是无法接受消息的，只有交给 Border 或 Border 的上级容器才行，所以这里鼠标左键按键事件交由窗体进行处理。本窗体没有去处理最小化和退出行为，如果有需要，其方法和基于透明 PNG 图片的不规则窗体方法一致。

程序运行效果如图 2-8 所示。

图 2-8　Border 不规则窗体效果

【任务分析】

完成前面的知识准备，我们现在来对登录窗体 UI 设计任务进行分析。

对于登录窗体来说，如果造型不规则，为了达到最佳效果，推荐使用预先定制的透明 PNG 图片作背景来进行制作；否则使用普通图片，定制 Border 时会较为繁琐才能达到预定效果，而且不便于修改。只有需求很简单的不规则窗体才使用普通图片制作。

确定使用透明 PNG 背景制作后，制作任务就主要包括：

（1）制作合适的登录背景图片。

（2）规划登录要素。

对于登录窗体来说，需要处理的信息一般来说包括用户身份类型、用户名、口令，其中用户身份类型用于明确后面录入的用户名和口令的权限类型，在后台数据处理中不同权限的用户甚至可能不在一张数据表中。就图书管理系统来说，所有的管理用户都集中在一张表中，通过权限字段来标识不同账号的身份和权利，所以可以不用选择身份类型，并且图书管理系统涉及的用户权限类型包括了四大类，可以有很多组合，没有办法很好地用身份类型来表达。

因此本任务中只要处理输入的用户名和口令就可以了，所以登录界面需要的有名字控件包括：用户名文本框和口令密码框、登录按钮和退出按钮。同时对于登录和退出按钮为了操作更便捷，还要设置它们分别为默认按钮（IsDefault=true）和取消按钮（IsCancel=true），即能响应回车和Esc按键。

【任务实施】

1. 新建WPF项目，创建图书管理系统项目

打开Visual Studio 2012，单击"文件"→"新建"→"项目"命令，弹出如图2-9所示的"新建项目"对话框，在"名称"文本框中输入BookMis，单击"确定"按钮完成图书管理系统项目的创建。

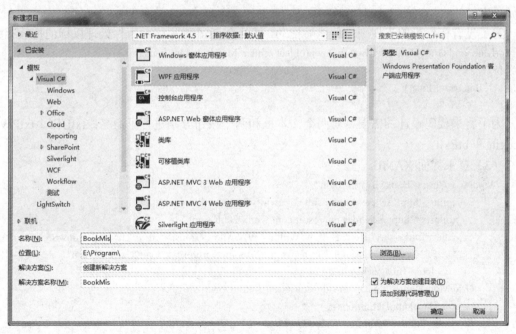

图2-9　新建图书管理系统项目

2. 新增窗体

新建好的项目已经具有一个默认窗体MainWindow，该窗体后面作为项目的主界面。新增WPF窗体，命名为frmLogin，作为用户登录窗口。

3. 制作用户登录界面

因为登录窗体大小固定，同时图形背景也固定了各登录要素的呈现位置，这里我们使用最常用的Grid布局制作登录界面。

（1）规划登录窗口元素。

根据登录窗口背景图片，将登录要素分配到图片各个区域，设计效果如图 2-10 所示。

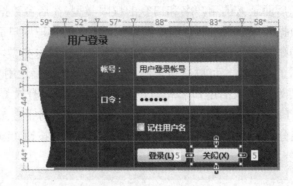

图 2-10　登录窗体布局效果图

（2）登录窗口各元素设计。

根据图片大小和不规则窗体需求，将窗体大小设置为图片大小，并设置允许透明和窗体的启动位置为屏幕中央。因为不规则登录窗体不支持缩放，其他元素也没有缩放的必要性，设计时可以不用考虑窗体调整模式。同时应该给窗体设置合适的图标，提高程序美感（任务栏上将显示出来）。

为了没有标题栏的不规则窗体能够拖动，可以给 Grid 增加路由事件处理鼠标的拖放行为。

```
private void Grid_MouseLeftButtonDown(object sender, MouseButtonEventArgs e)
{
    this.DragMove();
}
```

为了将来代码设计的需要，对两个文本框和两个按钮分别进行了命名：txtUID、txtPWD、btLogin 和 btExit。

（3）登录界面 XAML。

```
<Window x:Class="BookMis.frmLogin"
        xmlns="http://schemas.microsoft.com/winfx/2006/xaml/presentation"
        xmlns:x="http://schemas.microsoft.com/winfx/2006/xaml"
        Title="frmLogin1" Height="219" Width="397" AllowsTransparency="True" WindowStyle
            ="None" Background="Transparent" WindowStartupLocation="CenterScreen"
        Icon="Images/key.ico">
    <Grid MouseLeftButtonDown="doMouseLeftButtonDown_Move">
        <Grid.ColumnDefinitions>
            <ColumnDefinition Width="59*"/>
            <ColumnDefinition Width="52*"/>
            <ColumnDefinition Width="57*"/>
            <ColumnDefinition Width="88*"/>
            <ColumnDefinition Width="83*"/>
            <ColumnDefinition Width="58*"/>
        </Grid.ColumnDefinitions>
        <Grid.RowDefinitions>
            <RowDefinition Height="39*"/>
            <RowDefinition Height="50*"/>
```

```
                <RowDefinition Height="44*"/>
                <RowDefinition Height="42*"/>
                <RowDefinition Height="44*"/>
            </Grid.RowDefinitions>
            <Image Source="images\wpf_login.png" Grid.RowSpan="5" Grid.ColumnSpan="6"/>
            <TextBlock Text="用户登录" Grid.Row="0" Grid.Column="1" Grid.ColumnSpan="2"
                VerticalAlignment="Center" FontSize="16" FontWeight="Bold" Margin="5"/>
            <TextBlock Text="帐号：" Grid.Row="1" Grid.Column="2"   VerticalAlignment="Center"
                Margin="5" Foreground="White" FontWeight="Bold"/>
            <TextBox x:Name="txtUID" Text="用户登录帐号"  Grid.Row="1" Grid.Column="3"
                VerticalAlignment="Center" Grid.ColumnSpan="2" Margin="5"/>
            <TextBlock Text="口令：" Grid.Row="2" Grid.Column="2"   VerticalAlignment="Center"
                Margin="5" Foreground="White" FontWeight="Bold"/>
            <PasswordBox x:Name="txtPWD" Password="用户登录帐号"  Grid.Row="2"
                Grid.Column="3"  VerticalAlignment="Center" Grid.ColumnSpan="2" Margin="5"/>
            <CheckBox Content="记住用户名" Grid.Row="3" Grid.Column="3"
                VerticalAlignment="Center" Margin="5" Foreground="White" FontWeight="Bold"/>
            <Button x:Name="btLogin" Content="登录(_L)" Grid.Row="4" Grid.Column="3"
                VerticalAlignment="Center" Margin="5" FontWeight="Bold"/>
            <Button x:Name="btExit" Content="关闭(_X)" Grid.Row="4" Grid.Column="4"
                VerticalAlignment="Center" Margin="5" FontWeight="Bold"/>
        </Grid>
    </Window>
```

完成各项设定后，按 F5 键运行，运行效果如图 2-1 所示。

【任务小结】

1. 本任务介绍了窗体的各个重要属性。在程序制作中要能根据需要进行窗体属性的设置。
2. 本任务介绍了不规则窗体的制作方法。学习者可以根据自己的需求制作不规则窗体。

任务 2.2　设计图书管理系统用户注册界面

【任务描述】

应用所学的 WPF 布局控件知识设计并制作一个如图 2-11 所示的图书管理系统用户注册窗体。该窗体为规则窗体，固定大小，没有"最大化"按钮和"最小化"按钮，具有窗体图标、Logo 图片、用组合框规范的用户名文本框、两个密码框和基于复选框组合的用户权限、"注册"按钮和"关闭"按钮。

【知识准备】

2.2.1　理解 WPF 布局

WPF 作为专门的用户界面技术，布局是它的核心功能之一。友好的用户界面和良好的用户体验离不开精良的布局。在日常工作中，WPF 设计师最大的工作量就是布局和做界面美化。同时除了点缀性的动画外，大部分的动画也是布局间的转换，UI 布局的重要性由此可见。在所有用户界面设计中，有一半的工作是以更具吸引力、更实用灵活的方式组织内容。但是真正的挑战是确保界面布局能够恰到好处地适应不同的窗口尺寸。

图 2-11　用户注册窗体

WPF 用不同的容器（Container）安排布局。每个容器有它自己的布局逻辑。如果曾经用窗体编写过程序，就会惊奇地发现在 WPF 中非常抵制基于坐标的布局，反而更注重创建更灵活的布局，以使布局能够适应内容的变化、不同的语言以及各种窗体尺寸。对于迁移到 WPF 的大多数开发人员而言，新布局系统是非常令人惊奇的，也是第一个真正的挑战。

在开始学习这些布局元素前，大家首先应该明白：每个布局元素都有自己的特点，即各有优缺点。在应用中应该熟练掌握每种布局元素的特点并灵活应用，扬长避短。选择合适的布局元素，将会极大地简化编程，反之可能会陷入困境。

2.2.2　WPF 布局原则

WPF 窗体只能包含一个元素。为了在 WPF 窗口中放入多个元素并创建更实用的用户界面，需要在窗口中放置一个容器，然后在容器中添加其他元素。

在 WPF 中，布局由所用的容器决定。尽管有多个容器供选择，但是为了更好地制作 WPF 窗口，需要遵循以下几个重要原则：

（1）不应显式设定元素（如控件）的尺寸。反而，元素应当可以改变尺寸以适合它们的内容。例如，当添加更多的文本时按钮应当能够展开。可以通过设置最大和最小尺寸来限制可以接受的控件尺寸范围。

（2）不应使用屏幕坐标指定元素的位置。反而，元素应当由它们的容器，根据它们的尺寸、顺序以及（可选的）其他特定于具体布局容器的信息进行安排。如果需要在元素之间添加空白空间，可以使用 Margin 属性。

（3）布局容器和它们的子元素"共享"可以使用的空间。如果空间允许，布局容器会（根据元素的内容）尽可能为所含的元素设置更合适的尺寸。它们还会向一个或多个子元素分配多余的空间。

（4）可以嵌套布局容器。一个典型的用户界面使用 Grid 面板作为开始，Grid 面板是 WPF

中功能最强大的布局控件,并且 Grid 面板可以包含其他的布局容器。包含的这些容器以更小的分组安排元素,如带有标题的文本框、列表框中的项目、工具栏上的图标以及一系列的按钮等。

尽管对这几条原则有一些例外,不是处处适用,但是它们反映了 WPF 的总体设计目标。换句话说,如果创建 WPF 应用程序时遵循了这些原则,那么将会创建出一个更好的、更灵活的用户界面。如果不遵守这些原则,那么最终就会得到一个不是很适合 WPF 的并且难以维护的用户界面。

2.2.3 布局过程

WPF 布局包括两个阶段:测量阶段和排列阶段。在测量阶段,容器遍历所有的子元素,并询问子元素它们所期望的尺寸。在排列阶段,容器在合适的位置放置子元素。

当然,一个元素不可能总是能够得到最合适的尺寸。有时容器没有足够的空间以适应所含的元素。这种情况下,容器为了适应可视化区域的尺寸必须剪裁不能满足要求的元素。正如您将看到的那样,通常可以通过设定最小窗口尺寸来避免这种情况。

```
<Window x:Class="WpfLayout.MinSet"
        xmlns="http://schemas.microsoft.com/winfx/2006/xaml/presentation"
        xmlns:x="http://schemas.microsoft.com/winfx/2006/xaml"
        Title="MinSet" Height="300" Width="300" MinHeight="100" MinWidth="150">
```

该案例中的窗体就被设置了最小的尺寸,避免因为过小的窗口导致关键信息显示不完整或者缺失。

注意:WPF 布局不能提供任何滚动支持,滚动支持是由一个特定的内容控件——ScrollViewer 控件提供的,它可以应用于各个场合。

2.2.4 布局元素

所有 WPF 布局容器都是派生自 Windows.Controls.Panel 抽象类的面板。这些面板可以相互嵌套实现许多复杂的布局。WPF 的布局理念就是把一个布局元素作为 ContentControl 或 HeaderedContentControl 族控件的 Content,再在布局元素里添加要被布局的子级控件,如果 UI 局部需要更复杂的布局,那就在这个区域放置一个子级的布局元素,形成布局元素的嵌套。

布局元素共有的 Panel 类属性如表 2-4 所示,常见的 WPF 布局元素名称和简介如表 2-5 所示。

表 2-4 Panel 类提供的三个公有属性

名称	说明
Background	如果 Background 未定义,Panel 元素不会收到鼠标或触笔事件。如果需要处理鼠标或触笔事件,但又不希望有 Panel 的背景,可以设置其值为 Transparent
Children	面板存储的条目集合,其子条目也可以是面板
IsItemsHost	需要自定义排列时使用

表 2-5 WPF 中的布局元素

面板名称	说明
Canvas	定义一个区域,在此区域内,你可以使用相对于 Canvas 区域的坐标显式定位子元素
DockPanel	定义一个区域,在此区域内,你可以使子元素互相水平或垂直排列

面板名称	说明
Grid	定义由行和列组成的灵活的网格区域
StackPanel	将子元素排列成一行（可沿水平或垂直方向）
WrapPanel	从左至右按顺序位置定位子元素，在包含框的边缘处将内容断开至下一行。后续排序按照从上至下或从右至左的顺序进行，具体取决于 Orientation 属性的值

默认情况下面板元素不接收焦点。若要强制面板接收焦点的元素，需要将 Focusable 属性设置为 True。面板元素常用于相应内部被布局元素的公共路由事件。

2.2.5　Grid 面板

顾名思义，Grid 元素会以网格的形式对内容元素们（即它的 Children）进行布局。

1. Grid 的特点

（1）可以定义任意数量的行和列，非常灵活。

（2）行的高度和列的宽度可以使用绝对数值、相对比例或自动调整的方式进行精确设定，并且可以设置最大值和最小值。

（3）内部元素可以设置自己所在的行和列，还可以设置自己纵向跨几行、横向跨几列。

（4）可以设置 Children 元素的对齐方向。

基于这些特点，Grid 适用的场合有：

（1）UI 布局的大框架设计。

（2）大量 UI 元素需要成行或者成列对齐的情况。

（3）UI 整体尺寸改变时，元素需要保持固有的高度和宽度比例。

（4）UI 后期可能有较大变更或扩展。

2. 定义 Grid 的行与列

Grid 类具有 ColumnDefinitions 和 Row Definitions 两个属性，它们分别是 ColumnDefinition 和 RowDefinition 的集合，表示 Grid 定义了多少列、多少行。例如下面的代码：

```
<Grid>
    <Grid.RowDefinitions>
        <RowDefinition Height="37*"/>
        <RowDefinition Height="43*"/>
    </Grid.RowDefinitions>
    <Grid.ColumnDefinitions>
        <ColumnDefinition Width="133*"/>
        <ColumnDefinition Width="204*"/>
        <ColumnDefinition Width="180*"/>
    </Grid.ColumnDefinitions>

    </Grid>
```

它的功能是把 Grid 定义为 2 行 3 列，如果去掉高度和宽度属性值，Grid 将会平均分布行和列。本案例直接利用 Visual Studio 的 XAML 设计器，把鼠标指针在 Grid 的边缘移动时会出现一个黄色提示线，一旦单击鼠标就会在当前位置添加一条分割线，创造出新的行和列。实际应用时可以先采用这种方式粗略划分好行和列，然后在 XAML 编辑器中修改 XAML 代码即可实现精准划分。窗体的预览效果如图 2-12 所示。

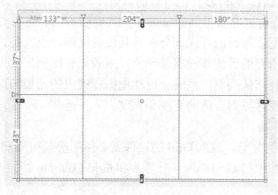

图 2-12　窗体预览效果

如果需要动态调整 Grid 的布局，可以利用后台 C#代码进行。假设当前窗体含有一个名为 myGrid 的 Grid 元素，通过窗体 Loaded 事件可以进行如下的行列添加操作：

```csharp
private void Window_Loaded(object sender, RoutedEventArgs e)
    {

        myGrid.Width = 250;
        myGrid.Height = 100;
        myGrid.HorizontalAlignment = HorizontalAlignment.Left;
        myGrid.VerticalAlignment = VerticalAlignment.Top;
        myGrid.ShowGridLines = true;

        //定义列
        ColumnDefinition colDef1 = new ColumnDefinition();
        ColumnDefinition colDef2 = new ColumnDefinition();
        ColumnDefinition colDef3 = new ColumnDefinition();
        myGrid.ColumnDefinitions.Add(colDef1);
        myGrid.ColumnDefinitions.Add(colDef2);
        myGrid.ColumnDefinitions.Add(colDef3);

        //定义行
        RowDefinition rowDef1 = new RowDefinition();
        RowDefinition rowDef2 = new RowDefinition();
        myGrid.RowDefinitions.Add(rowDef1);
        myGrid.RowDefinitions.Add(rowDef2);

    }
```

两种方式都划分出 2 行 3 列 Grid，效果类似。

实际应用中我们除了定义行列外，最重要的是还要设置行的高度和列的宽度才能满足真实项目布局的需要。对行高和列宽我们可以设置三类值：

- 绝对值：数值后加上单位。
- 比例值：数值后加上一个星号。前面案例就是这样的。
- 自动值：字符串 Auto。

对于控件的高度和宽度不需要改变，或者是该行或列是专门用于精确间隔的时候，应该选用绝对值。而对于比例值，解析器会把所有的数值作为总和，单项的数值作为分子，然后将当前 Grid 的具体像素值与之相乘得到的结果作为其确切的值。这种方式最大的好处就是 UI 的整体尺寸变化时，比例值项目的行或列会保持其固有比例，也就是说能自动适应变化。

在实际应用中如果所有的数值都没有带单位，则效果和比例值效果相同。

而对于自动值设置行高或列宽，系统会自动根据行列内的元素的高度和宽度来动态确定，也就是说行列会被内部控件撑到合适的宽度和高度。

3. 使用 Grid 进行布局

一旦 Grid 进行了行列划分，放入 Grid 的控件就必须明确其布局归属。Grid 中控件的布局行列归属是通过控件属性中的 Grid.Row（行号）和 Grid.Column（列号）来设定的。需要注意的是编号范围都是 0～N-1。

如果一个控件需要跨多个行或列，还要结合使用 Grid.RowSpan（跨行数）和 Grid.Column-Span（跨列数）。

```
<Grid x:Name="myGrid">
    <Grid.RowDefinitions>
        <RowDefinition Height="37*"/>
        <RowDefinition Height="43*"/>
    </Grid.RowDefinitions>
    <Grid.ColumnDefinitions>
        <ColumnDefinition Width="133*"/>
        <ColumnDefinition Width="204*"/>
        <ColumnDefinition Width="180*"/>
    </Grid.ColumnDefinitions>
    <Label Content="Label" HorizontalAlignment="Left" VerticalAlignment="Top" Grid.Row="0"
        Grid.Column="1"/>
    <ListBox HorizontalAlignment="Left" Height="100" VerticalAlignment="Top" Width="100"
        Grid.Row="1" Grid.ColumnSpan="3"/>
</Grid>
```

实际布局中，控件的行列位置以及行列跨度既可以通过 XAML 代码设定，也可以通过控件属性面板的布局属性来设置，如图 2-13 所示。

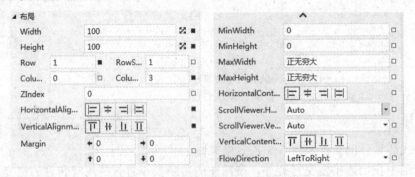

图 2-13　控件属性面板布局属性设置

4. 应用案例——制作一个留言板

（1）根据留言板需求初步设计 Grid 布局，如图 2-14 所示。

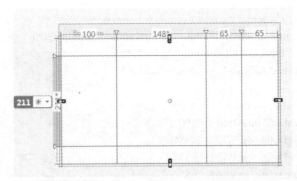

图 2-14 留言板 Gird 布局效果图

（2）确定 Grid 行高列宽。

根据需要，最上面的提示信息和最下面的发言按钮是固定大小的，所以将能明确部分用
绝对值，其他部分用相对值。

```
<Grid>
    <Grid.ColumnDefinitions>
        <ColumnDefinition Width="100"/>
        <ColumnDefinition Width="148*"/>
        <ColumnDefinition Width="65"/>
        <ColumnDefinition Width="65"/>
    </Grid.ColumnDefinitions>
    <Grid.RowDefinitions>
        <RowDefinition Height="30"/>
        <RowDefinition Height="211*"/>
        <RowDefinition Height="30"/>
    </Grid.RowDefinitions>
</Grid>
```

（3）放入控件。

提示文本和按钮控件放入相应行的对应单元格，组合框和多行文本框配置其跨行属性，
设计效果如图 2-15 所示。

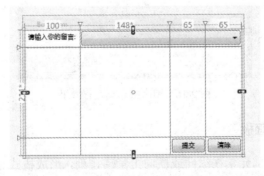

图 2-15 留言板设计效果图

布局的 XAML：

```
<Window
        xmlns="http://schemas.microsoft.com/winfx/2006/xaml/presentation"
        xmlns:x="http://schemas.microsoft.com/winfx/2006/xaml"
```

```
        xmlns:d="http://schemas.microsoft.com/expression/blend/2008" xmlns:mc=
            "http://schemas.openxmlformats.org/markup-compatibility/2006" mc:Ignorable="d"
        x:Class="WpfLayout.BoardFrm"
    Title="BoardFrm" Height="250" Width="400">
    <Grid>
        <Grid.ColumnDefinitions>
            <ColumnDefinition Width="100"/>
            <ColumnDefinition Width="148*"/>
            <ColumnDefinition Width="65"/>
            <ColumnDefinition Width="65"/>
        </Grid.ColumnDefinitions>
        <Grid.RowDefinitions>
            <RowDefinition Height="30"/>
            <RowDefinition Height="211*"/>
            <RowDefinition Height="30"/>
        </Grid.RowDefinitions>
        <TextBlock Text="请输入你的留言:" Width="90" Height="25" Margin="5,2" Grid.Row="0"
            Grid.Column="0"/>
        <ComboBox Grid.Row="0" Grid.Column="1" Height="25" Margin="2" Grid.ColumnSpan="3"/>
        <TextBox Grid.Row="1" Grid.Column="0" Grid.ColumnSpan="4"/>
        <Button Content="提交" Width="60" Height="25" HorizontalAlignment="Right" Grid.Row="2"
            Grid.Column="2" Margin="2"/>
        <Button Content="清除" Width="60" Height="25" HorizontalAlignment="Right" Grid.Row="2"
            Grid.Column="3" Margin="2"/>
    </Grid>
</Window>
```

运行效果如图 2-16 所示。

图 2-16　留言板布局运行效果

2.2.6　StackPanel 面板

StackPanel 可以把内部元素在纵向或横向上紧凑排列，形成栈式布局，通俗地讲就是把内部元素像搭积木一样"摞起来"，当把排在前面的积木块抽掉之后排在它后面的元素会整体向前移动，占领原有元素的空间。

1. StackPanel 适合的场合

（1）同类元素需要紧凑排列（如制作菜单或者列表）。

（2）移除其中的元素后能够自动补缺的布局或者动画。

2. StackPanel 的属性

StackPanel 使用 3 个属性来控制内部元素的布局。

- Orientation 属性：决定内部元素是横向累积还是纵向累积。
- HorizontalAlignment 属性：决定内部元素水平方向上的对齐方式。
- VerticalAlignment 属性：决定内部元素垂直方向上的对齐方式。

StackPanel 虽然看上去很简单，但是实际应用具有很多不可替代的优势。在内部条目会发生变化的应用场合，StackPanel 能让后续内容自动补齐移动开项目的区域，而无需任何编码。同时其内部控件也不需要像 Grid 一样设定具体行列位置等信息，操作更为简便。

另外，StackPanel 实现 IScrollInfo 接口支持逻辑滚动。逻辑滚动用于移动到逻辑树中的下一个元素。与物理滚动不同，这是使内容滚动由某个特定方向的已定义的物理增量。如果需要物理滚动而不是逻辑滚动，请给 StackPanel 添加 ScrollViewer，并将其 CanContentScroll 属性设置为 False。

3. 应用案例

```xml
<Window x:Class="WpfLayout.Window1"
        xmlns="http://schemas.microsoft.com/winfx/2006/xaml/presentation"
        xmlns:x="http://schemas.microsoft.com/winfx/2006/xaml"
        Title="Window1" Height="180" Width="300">
    <Grid>
        <GroupBox Header="请选择你喜欢的电影名称" BorderBrush="Black" Margin="5">
            <StackPanel Margin="5">
                <CheckBox Content="A.指环王"/>
                <CheckBox Content="B.变形金刚"/>
                <CheckBox Content="C.大话西游"/>
                <CheckBox Content="D.私人定制"/>
                <StackPanel Orientation="Horizontal" HorizontalAlignment="Right">
                    <Button Content="确定" Width="60" Margin="5"/>
                    <Button Content="重选" Width="60" Margin="5"/>
                </StackPanel>
            </StackPanel>
        </GroupBox>
    </Grid>
</Window>
```

运行效果如图 2-17 所示。

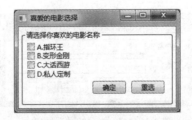

图 2-17　StackPanel 布局运行效果

2.2.7　Canvas 面板

Canvas 译成中文就是"画布"，显然，在 Canvas 里布局就像在画布上画控件一样。使用

Canvas 布局与在 Windows Form 窗体上布局基本是一样的，只是在 Windows Form 开发时我们通过设置控件的 Left 和 Top 等属性来确定控件在窗体上的位置，而 WPF 的控件没有 Left 和 Top 等属性，就像把控件放在 Grid 里时会被附加上 Grid.Column 和 Grid.Row 属性一样，当控件被放置在 Canvas 里时就会被附加 Canvas.X 和 Canvas.Y 属性。

Canvas 很容易被从 Windows Form 迁移过来的程序员所滥用，实际上大多数时候我们都可以使用 Grid 或 StackPanel 等布局元素产生更简洁的布局。

1. Canvas 适用的场合

（1）一经设计基本上不会再有改动的小型布局（如图标）。

（2）艺术性比较强的布局。

（3）需要大量使用横纵坐标进行绝对点定位的布局。

（4）依赖于横纵坐标的动画。

2. 应用案例

下面的代码是一个使用 Canvas 代替 Grid 设计的登录窗口，除非你确定这个窗口的布局以后不会改变而且窗体尺寸固定，不然还是用 Grid 进行布局弹性会更好。

```
<Window x:Class="WpfLayout.LoginForm"
        xmlns="http://schemas.microsoft.com/winfx/2006/xaml/presentation"
        xmlns:x="http://schemas.microsoft.com/winfx/2006/xaml"
        Title="用户登录" Height="140" Width="300">
    <Grid>
        <Canvas>
            <TextBlock Text="用户名：" Canvas.Left="12" Canvas.Top="12"/>
            <TextBox Height="23" Width="200" BorderBrush="Black" Canvas.Left="66"
                Canvas.Top="9"/>
            <TextBlock Text="口令：" Canvas.Left="12" Canvas.Top="41"/>
            <TextBox Height="23" Width="200" BorderBrush="Black" Canvas.Left="66"
                Canvas.Top="38"/>
            <Button Content="登录" Width="80" Height="22" Canvas.Left="70" Canvas.Top="67"/>
            <Button Content="关闭" Width="80" Height="22" Canvas.Left="156" Canvas.Top="67"/>

        </Canvas>
    </Grid>
</Window>
```

运行效果如图 2-18 所示。

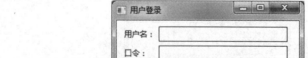

图 2-18　Canvas 布局运行效果

2.2.8　DockPanel 面板

DockPanel 内的元素会被附加 DockPanel.Dock 属性，这个属性的数据类型为 Dock 枚举。

Dock 枚举可取 Left、Top、Right 和 Bottom 四个值。根据 Dock 属性值，DockPanel 内的元素会向指定方向累积，切分 DockPanel 内部的剩余可用空间，就像船舶靠岸一样。

　　DockPanel 还有一个重要属性——bool 类型的 LastChildFill，它的默认值是 True。当 LastChildFill 属性的值为 True 时，DockPanel 内最后一个元素的 DockPanel.Dock 属性值会被忽略，这个元素会把 DockPanel 内部所有的剩余空间充满。这也正好解释了为什么 Dock 枚举类型没有 Fill 这个值。

　　下面是一个 DockPanel 的简单示例。

```
<Window x:Class="WpfLayout.DockFrm"
        xmlns="http://schemas.microsoft.com/winfx/2006/xaml/presentation"
        xmlns:x="http://schemas.microsoft.com/winfx/2006/xaml"
        Title="停靠面板案例" Height="200" Width="300">
    <Grid>
        <DockPanel>
            <TextBox DockPanel.Dock="Top" Height="25" BorderBrush="Black"/>
            <TreeView DockPanel.Dock="Left" Width="100" BorderBrush="Black"/>
            <ListView BorderBrush="Black"/>
        </DockPanel>
    </Grid>
</Window>
```

运行效果如图 2-19 所示。

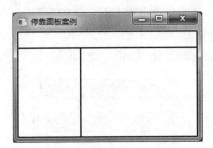

图 2-19　DockPanel 布局运行效果

　　如果需要能够自由调整左右大小，则不是 DockPanel 能够做到的了，除非是配合后台代码辅助。最好的方法是使用 Grid 配合 GridSplitter 来实现拖放，即可调整左右大小。

2.2.9　WrapPanel 面板

　　WrapPanel 内部采用的是流式布局，在流延伸的方向上会排列尽可能多的控件，排不下的控件将会新起一行或一列继续排列。WrapPanel 使用 Orientation 属性来控制流延伸的方向，使用 HorizontalAlignment 和 VerticalAlignment 两个属性控制内部控件的对齐。

　　下面是一个简单的例子。

```
<Window x:Class="WpfLayout.WrapFrm"
        xmlns="http://schemas.microsoft.com/winfx/2006/xaml/presentation"
        xmlns:x="http://schemas.microsoft.com/winfx/2006/xaml"
        Title="自动换行排列" Height="200" Width="300">
    <Grid>
        <WrapPanel>
```

```
            <Button Content="一" Width="50" Height="50"/>
            <Button Content="二" Width="50" Height="50"/>
            <Button Content="三" Width="50" Height="50"/>
            <Button Content="四" Width="50" Height="50"/>
            <Button Content="五" Width="50" Height="50"/>
            <Button Content="六" Width="50" Height="50"/>
            <Button Content="七" Width="50" Height="50"/>
            <Button Content="八" Width="50" Height="50"/>
            <Button Content="九" Width="50" Height="50"/>
            <Button Content="十" Width="50" Height="50"/>
        </WrapPanel>
    </Grid>
</Window>
```

运行结果如图 2-20 所示。

图 2-20   WrapPanel 布局运行效果

调整窗体大小，其排列会自动变化，如图 2-21 所示。

图 2-21   WrapPanel 布局自动折行运行效果

【任务分析】

完成前面的知识准备学习，现在我们来分析用户注册窗体任务。

（1）因为用户注册窗体的信息都是简单的控件，不会因为内容过多而需要延伸或缩放，所以采用固定的大小模式比较好。Grid 布局将窗体分为上下两部分，上面放单位 Logo，下面进行注册界面设计。

（2）登录元素对于固定大小窗体实现精确对齐最好的方法是使用 Canvas 布局。注册界面部分使用 Canvas 布局，该布局最大的好处是精准的对齐方式特别适合固定页面的呈现。同时注册界面中对输入的用户名和口令严格最大输入长度为 20，避免用户不小心输入超过范围的信息，导致注册失败。

（3）用户权限部分，其 4 个权限复选框的布局使用 WrapPanel，默认即水平对齐方式；其 GroupBox 的标题因为图文水平对齐显示，既可以使用 WrapPanel，可以使用 StackPanel，不过要设置它的方向属性，使其水平布局；需要注意的是控件排版中应合理利用 Margin 来实现内容的规范对齐，特别是不同高度的图文对齐。

同时对于"注册"按钮和"关闭"按钮为了操作更便捷，还要设置它们分别为默认按钮（IsDefault=true）和取消按钮（IsCancel=true），即能响应回车键和 Esc 键。

因为后台数据采集的需求，文本框和复选框都需要规范命名。

【任务实施】

（1）新增一个 WPF 窗体，命名为 frmRegister。

（2）根据注册信息需求初步设计注册窗体控件需求和布局，设计效果如图 2-22 所示。

图 2-22 用户注册窗体布局效果

窗体 XAML 如下：

```
<Window x:Class="BookMis.frmRegister"
        xmlns="http://schemas.microsoft.com/winfx/2006/xaml/presentation"
        xmlns:x="http://schemas.microsoft.com/winfx/2006/xaml"
        Title="新用户注册" Height="420" Width="500" ResizeMode="NoResize">
    <Grid>
        <Grid.RowDefinitions>
            <RowDefinition Height="131"/>
            <RowDefinition Height="139*"/>
        </Grid.RowDefinitions>
        <Image Source="Images/LoginTitle.jpg" Width="500" Height="130" Grid.Row="0"
            Grid.Column="0"/>
        <GroupBox Header="图书管理系统用户注册" BorderBrush="Black" Margin="5"
            Grid.Row="1">
            <Canvas>
                <TextBlock Text="用户账号：" Canvas.Left="12" Canvas.Top="12"/>
```

```
        <TextBox x:Name="txtUID" MaxLength="20" Height="23" Width="380"
            BorderBrush="Black" Canvas.Left="76" Canvas.Top="9"/>
        <TextBlock Text="用户口令： " Canvas.Left="12" Canvas.Top="41"/>
        <PasswordBox    x:Name="txtPWD" MaxLength="20" Height="23" Width="380"
            BorderBrush="Black" Canvas.Left="76" Canvas.Top="38"/>
        <TextBlock Text="确认口令： " Canvas.Left="12" Canvas.Top="70"/>
        < PasswordBox    x:Name="txtRePWD" MaxLength="20" Height="23" Width="380"
            BorderBrush="Black" Canvas.Left="76" Canvas.Top="67"/>
        <GroupBox Canvas.Top="99" Width="460" Height="80">
            <GroupBox.Header>
                <StackPanel Orientation="Horizontal">
                    <Image Source="Images/User.gif" Width="30" Height="30"/>
                    <TextBlock Text="用户权限分配" Margin="0,8,0,0"/>
                </StackPanel>
            </GroupBox.Header>
            <WrapPanel>
                <CheckBox x:Name="chRightA" Content="用户管理" Margin="10"/>
                <CheckBox x:Name="chRightB" Content="读者管理" Margin="10"/>
                <CheckBox x:Name="chRightC" Content="书籍管理" Margin="10"/>
                <CheckBox x:Name="chRightD" Content="借阅管理" Margin="10"/>
            </WrapPanel>
        </GroupBox>
        <Button x:Name="btRegister" Content="注册" Width="80" Height="22"
            Canvas.Left="150" Canvas.Top="187" Margin="5" IsDefault="True"/>
        <Button x:Name="btExit" Content="关闭" Width="80" Height="22" Canvas.Left="236"
            Canvas.Top="187" Margin="5" IsCancel="True"/>
        </Canvas>
    </GroupBox>
    </Grid>
</Window>
```

（3）完成 XAML 属性设置后，可以配置 App.xaml，将 StartupUri 设置为用户注册窗口。按 F5 键运行，窗体运行效果如图 2-11 所示。

【任务小结】

1. 本任务介绍了 WPF 的布局控件及其用法。注意掌握各自的特点，并根据需要合理选用。

2. 本任务演示了利用 WPF 布局控件进行布局的一些应用。注意吸取这些案例的经验，克服传统 C#应用程序设计布局带来的影响，真正掌握 WPF 布局。

任务 2.3 设计图书管理系统主界面

【任务描述】

应用所学 WPF 控件知识，设计并制作一个如图 2-23 所示的图书管理系统主界面。该主界面是整个图书管理系统的控制中心，它是一个规则窗体，拥有对用户、读者和图书进行管理的主菜单，拥有最常用的读者和图书管理功能的工具栏，拥有一个用于当前事务和状态显示的状态栏，其用户工作区域呈现单位的图片。

图 2-23　图书管理系统主界面

【知识准备】

2.3.1　什么是控件

WPF 附带了许多几乎可以在所有 Windows 应用程序中使用的常见 UI 组件，其中包括 Button、Label、TextBox、Menu 和 ListBox 等。WPF 组件仍继续使用术语"控件"，它泛指任何代表应用程序中可见对象的类。请注意，在 WPF 中类不必从 Control 类继承，即可具有可见外观。而从 Control 类继承的类包含一个 ControlTemplate，允许控件的使用方在无需创建新子类的情况下根本改变控件的外观。

从 Windows GUI 发展至今其开发方法归纳起来有四大类：

- Windows API 时代。
- 封装时代。
- 组件化时代。
- WPF 时代。

WPF 在组件化的基础上，使用专门的 UI 设计语言（XAML）并引入了数据驱动 UI 的理念，所以 WPF 控件称得上是新一代控件。

在 WPF 中控件是数据和行为的载体，在 WPF 中的控件只关注其功能的实现，其外在 UI 可能和传统控件差异很大。以按钮为例，其作用就是响应用户的单击行为，而它的外观则可以完全不是过去的方正类型，可以是文字、图片，甚至是动画等。

2.3.2　控件的类型

WPF 拥有数量众多的控件，每个控件都有自己特色的功能和 UI。根据控件是否可以装载内容、能够装载什么内容，我们可以将 WPF 的控件划分为以下八大类：

（1）ContentControl 类型。

此类的控件均派生自 ContentControl 类，它们的内容属性的名称为 Content，只能由单一的元素（一个普通内容或一个控件子节）充当其内容。常见的 ContentControl 类型控件如表 2-6 所示。

表 2-6　ContentControl 类型的控件

Button	ButtonBase	CheckBox	ComboBoxItem
ContentControl	Frame	GridViewColumnHeader	GroupItem
Label	ListBoxItem	ListViewItem	NavigationWindow
RadioButton	RepeatButton	ScrollViewer	StatusBarItem
ToggleButton	ToolTip	UserControl	Window

如何理解只能由单一的元素充当其内容呢？我们举例说明，设计两个按钮，一个显示静态文本，一个显示一张图片。

```xml
<Window x:Class="WpfApplication1.MainWindow"
        xmlns="http://schemas.microsoft.com/winfx/2006/xaml/presentation"
        xmlns:x="http://schemas.microsoft.com/winfx/2006/xaml"
        Title="MainWindow" Height="190.421" Width="525">
    <Grid>
        <StackPanel>
            <Button Margin="5">
                <TextBlock Text="Hit Me!"/>
            </Button>
            <Button Margin="5">
                <Image Source="Images/btn_query.gif" Width="62" Height="20"/>
            </Button>
        </StackPanel>
    </Grid>
</Window>
```

这么设计时两个按钮都是能正常显示的，如图 2-24 所示。

图 2-24　文字按钮和图片按钮

但是如果希望按钮的内容既包含文本又包含图形则是不行的，这样 Button 就拥有两个子节了，会导致编译器报错：对象 Button 已经具有子节且无法添加 Image。Button 只能接受一个子节。

```xml
<Button Margin="5">
        <TextBlock Text="Hit Me!"/>
        <Image Source="Images/btn_query.gif" Width="62" Height="20"/>
</Button>
```

如果真需要既有文本又有图形，甚至更为复杂的效果，其实解决方法也很简单，将几个子内容都整合到一个布局控件中，让布局控件成为按钮的唯一子节，这样就符合要求了。运行效果如图 2-25 所示。

```
<Button Margin="5">
    <StackPanel>
        <TextBlock Text="Hit Me!"/>
            <Image Source="Images/btn_query.gif" Width="62" Height="20"/>
    </StackPanel>
</Button>
```

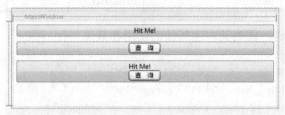

图 2-25　文字按钮、图片按钮和图文按钮

（2）HeaderedContentControl 类型。

此类控件都派生自 HeaderedContentControl，而 HeaderedContentControl 是 ContentControl 类的派生类。它们主要用于显示带标题的数据，其内容属性为 Content 和 Header。无论是 Content 还是 Header 都只能容纳一个元素（一个普通内容或一个控件子节）作为其内容。常见的 HeaderContentControl 类型控件如表 2-7 所示。

表 2-7　HeaderedContentControl 类型的控件

Expander	GroupBox	HeaderedContentControl	TabItem

这里以 GroupBox 为例，让标题显示一幅图片，内容区显示图片和文本。对内容区的多个元素采用布局控件进行整合。

```
<GroupBox Margin="5">
    <GroupBox.Header>
        <Image Source="Images/UserInfo.gif" Width="20" Height="20"/>
    </GroupBox.Header>
    <GroupBox.Content>
        <StackPanel>
            <TextBlock Text="Hit Me!" HorizontalAlignment="Center"/>
            <Image Source="Images/btn_query.gif" Width="62" Height="20"/>
        </StackPanel>
    </GroupBox.Content>
</GroupBox>
```

该控件运行效果如图 2-26 所示。

图 2-26　HeaderContentControl 类型的 Groupbox 控件运行效果

（3）ItemsControl 类型。

此类型的控件均派生自 ItemsControl 类，它们主要用于显示列表化的数据，其内容属性为 Items 或 ItemsSource。每种 ItemsControl 类型控件均有自己的条目容器（ItemsContainer），条目容器会自动对提交给它的内容进行包装。常见的 ItemsControl 类型控件如表 2-8 所示。

表 2-8　ItemsControl 类型的控件

Menu	MenuBase	ContentMenu	ComboBox
ItemsControl	ListBox	ListView	TabControl
TreeView	Selector	StatusBar	

这里以 ListBox 为例，观察其内容属性的使用和效果。

```
<ListBox Margin="5">
        <CheckBox x:Name="ckGame" Content="Game"/>
        <CheckBox x:Name="ckTV" Content="TV"/>
        <CheckBox x:Name="ckShopping" Content="Shopping"/>
        <Button x:Name="btRead" Content="Read"/>
        <Button x:Name="btSport" Content="Sport"/>
        <Button x:Name="btProgram" Content="Program"/>
</ListBox>
```

Listbox 显示效果如图 2-27 所示。

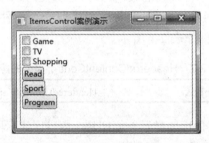

图 2-27　ItemsControl 类型的 ListBox 运行效果

对于这类集合类型的控件还可以用后台程序直接进行集合赋值，假设程序有 Employee 类：

```
Public class Employee
{
    Public int Id{get;set;}
    Public string Name{get;set;}
    Public int Age{get;set;}
    …
}
```

再定义有 Employee 类型的集合 myList：

```
List<Employee>myList=new List<Employee>()
{
    New Employee(){Id=1,Name= "Tom",Age=20},
    New Employee(){Id=2,Name= "Jack",Age=30},
    New Employee(){Id=3,Name= "Smith",Age=40},
    …
}
```

并且在窗体上有一个名为 listBox1 的 ListBox，可以如下配置：

```
this.listBox1.DisplayMemberPath= "Name";
this.listBox1.SelectedValuePath= "Id";
this.listBox1.DisplayMemberPath=myList;
```

程序就可以将集合中所有的姓名全部显示到列表框中，并且选中项的值是其 Id 值。

（4）HeaderedItemsControl 类型。

此类型的所有控件均派生自 HeaderedItemsControl 类，主要用于显示列表化的数据，同时还可以显示一个标题。其内容属性为 Items、ItemsSource 和 Header。

这类控件的应用类似于 ItemsControl，就不再举例了。常见的 HeaderedItemsControl 控件如表 2-9 所示。

表 2-9　HeaderedItemsControl 类型的控件

MenuItem	TreeViewItem	ToolBar

（5）Decorator 类型。

此类型所有的控件均派生自 Decorator 类，主要用于在 UI 设计中起装饰效果，比如加边框等。其内容属性为 Child，只能由单一元素充当内容。

此类型控件较少被用到，其代表有 Border、ViewBox 等。

（6）TextBlock 和 TextBox。

这两个控件最主要的功能都是显示文本。TextBlock 只能显示文本，不能编辑，所以又称为静态文本。虽然 TextBlock 不能编辑内容，但是可以使用丰富的格式控制标记来显示专业的排版效果。TextBlock 的内容属性 Inlines 用来控制多行文本，同时它也具有 Text 属性，当简单的单行文本时就采用这个属性。

TextBox 既能显示文本又能编辑文本，其内容属性为 Text。在 WPF 下 TextBox 可以单行也可以多行，但不能在像 C#一样设置为密码框，现在有专门的密码框控件 PasswordBox，它获取密码的属性也不再是 Text，而是 Password。

读取密码格式：PasswordBox 控件名.Password

就文本静态显示来说，还有 ContentControl 类的 Label 控件，那么 TextBlock 和 Label 有什么异同呢？

TextBlock 直接继承于 FrameworkElement，而 Label 继承于 ContentControl，因此 Label 具有更强的功能：

● 可以定义一个控件模板（通过 Template 属性）。

● 可以显示出 String 以外的其他信息（通过 Content 属性）。

● 为 Label 内容添加一个 DataItemplate（通过 ContentTemplate 属性）。

● 做一些 FrameworkElement 元素不能做的事情。

TextBlock 的 Visual Tree 不包含任何子元素，而 Label 却复杂得多。它有一个 Border 属性，最后通过一个 TextBlock 来显示内容，这样看来 label 其实就是一个内嵌了 TextBlock 的控件。另一方面加载 Label 时比 TextBlock 需要耗费更多的时间，不仅仅是 Label 相对于直接继承于 FrameElement 的 TextBlock 有了更多层次的继承，它的 Visual Tree 更加复杂。两个控件的继承结构如图 2-28 所示。

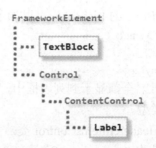

图 2-28   文本块和标签的类继承结构

（7）Shape 类。

这个类型的成员均派生于 Shape 类，严格意义上并不是控件，它们只是简单的视觉元素，用来在 UI 上绘制一些 2D 图形，它们没有自己的内容，但是可以使用 Fill 属性为它们设置填充效果，还可以使用 Stroke 属性为它们设置边线的效果。

（8）Panel 类。

此类型的所有控件均派生自 Panel 抽象类，主要用于 UI 布局，其内容属性为 Children。内容可以是多个元素，Panel 元素将控制它们的布局。

虽然 Panel 类和 ItemsControl 类的控件的内容都可以是多个元素，但是两者区别很大。ItemsControl 强调以列表的形式展现数据，而 Panel 则强调对包含的元素进行布局。常见的 Panel 类型控件如表 2-10 所示。

表 2-10   Panel 类型的部分控件

Canvas	DockPanel	Grid	TabPanel
ToolBarOverflowPanel	StackPanel	ToolBarPanel	WrapPanel

对这部分控件，已在布局知识部分详细介绍了，这里不再赘述。

2.3.3　WPF 菜单控件（Menu）

1. Menu 控件简介

Menu 是一个菜单控件，使用该控件可以对那些与命令或事件处理程序相关联的元素以分层方式进行组织。

每个 Menu 可以包含多个 MenuItem 控件。每个 MenuItem 都可以调用命令或调用 Click 事件处理程序。MenuItem 也可以有多个 MenuItem 元素作为子项，从而构成子菜单。

同级菜单项之间增加分隔栏使用 Separator 控件，它没有其他功能也不能被选中，作用就是将菜单项间隔开，实现菜单项的相对功能分区。

2. Menu 控件的重要属性和行为

（1）Menu 标签。

作为菜单的最外层标签，其主要功能是对菜单进行整体约定，常用属性包括菜单的对齐属性（如 VerticalAlignment，可以设置菜单在窗体上的出现位置）、高度属性（Height）。

```
<Menu Height="25" VerticalAlignment="Top" HorizontalAlignment="Stretch">
</Menu>
```

（2）MenuItem 标签。

MenuItem 是一个 HeaderedItemsControl，这意味着其标头和对象的集合可以是任何类型

（如字符串、图像或面板）。MenuItem 可包含子菜单。MenuItem 的子菜单由 MenuItem 的 ItemCollection 中的对象组成。通常，MenuItem 会包含其他 MenuItem 对象以创建嵌套子菜单。

MenuItem 可以具有以下几种功能之一：

- 可以选择它来调用命令。
- 可以是其他菜单项的分隔符。
- 可以是子菜单的标头。
- 可以选中或取消选中它。

作为菜单的主要实现者，其主要常用属性包括：菜单项文本（Header）、菜单命令（Command）、是否可以选中（IsCheckable）、事件处理（Click、Checked、Unchecked）。

（3）菜单项图标。

默认情况下菜单项是自结束状态。可以通过对菜单项的下级元素 Icon 属性的设定实现带图标的菜单项。

```
<MenuItem Header="用户管理" >
    <MenuItem.Icon>
        <Image Source="Images/key.ico"/>
    </MenuItem.Icon>
</MenuItem>
```

（4）菜单项的快捷键。

键盘快捷键是可以用键盘输入以调用 Menu 命令的字符组合，默认情况下菜单项只能通过鼠标操作（或触控行为）。可以用两种方式给菜单项增加键盘快捷键：

- Alt+字符快捷键。为了达到这个效果，菜单项 header 属性中必须有英文字符出现，然后在英文字符前加下划线，如_Edit、编辑(_E)。
- 配置 InputGestureText 属性。配置该属性只是将键盘快捷键放在菜单项中，而不会将命令与 MenuItem 相关联。应用程序必须处理用户的输入才能执行该操作。如果用户没有进行单独处理，则如果该热键是系统的某种功能热键，将仍然保持原来的功能；如果不是系统默认的功能快捷键，则按键后系统不会做出任何反应。

```
<MenuItem Header="编辑菜单(_E)">
    <MenuItem Header="复制" Command="ApplicationCommands.Copy" InputGestureText="Ctrl+C"/>
</MenuItem>
```

（5）Command 属性。

Command 属性是用系统内置功能实现菜单操作响应，不用编写任何后台代码，比如选中内容的复制、剪切、粘贴和删除。在 WPF 中命令系统是很重要的一个功能，后续章节中将会详细介绍。

```
<MenuItem Header="粘贴" Command="ApplicationCommands.Paste" InputGestureText="Ctrl+V"/>
```

（6）IsCheckable 属性。

IsCheckable 属性用于对一些系统菜单进行选择标记，类似复选框效果，可以选中，也可以去掉选中效果。每次状态变化会自动触发选中事件 Checked 和没有选中事件 Unchecked。

```
<MenuItem Header="用户管理" IsCheckable="True" Checked="checkedMenu_Click" Unchecked
    ="UncheckedMenu_Click"/>
```

（7）Click 事件处理。

Click 事件处理是菜单响应用户选择事件的主要方式，多数情况下菜单项的单击事件都要通过后台编写代码来进行响应和处理，灵活性最好。菜单项单击事件的处理方法名称可以使用系统自动生成，也可以用户手动命名。为了程序有更好的可读性和可维护性，建议为每个单击事件处理方法手动命名。

```
<MenuItem Header="注销" Click="cancelMenu_Click"/>
```

后台代码如下：

```
private void cancelMenu_Click(object sender, RoutedEventArgs e)
{
        this.Hide();
        BoardFrm frmLogin = new BoardFrm();
        frmLogin.ShowDialog();
}
```

（8）菜单样式。

使用控件样式设置可以显著改变 Menu 控件的外观和行为，而不必编写自定义控件。除了设置可视化属性外，还可以向控件的各个部分应用 Style，通过属性更改控件各个部分的行为，向控件中添加额外的部分或者改变控件的布局。下面的示例演示了几种用来将 Style 添加到 Menu 控件中的方法。

1）普通菜单样式。

代码示例定义了 Style 来修饰菜单中的分隔符。该代码将设定分隔符在菜单中的高度和边界距离。

```
<Style x:Key="{x:Static MenuItem.SeparatorStyleKey}"
        TargetType="{x:Type Separator}">
    <Setter Property="Height"
            Value="1" />
    <Setter Property="Margin"
            Value="0,4,0,4" />
</Style>
```

2）触发器样式。

下面的示例使用的是 Trigger 元素，通过这些元素可以改变 MenuItem 的外观来响应发生在 Menu 上的事件。当将鼠标移到 Menu 上时，菜单项的前景色和字体特征会发生变化从而让菜单变得灵动起来。

```
<Style x:Key="Triggers" TargetType="{x:Type MenuItem}">
    <Style.Triggers>
        <Trigger Property="MenuItem.IsMouseOver" Value="true">
            <Setter Property="Foreground" Value="Red"/>
            <Setter Property="FontSize" Value="16"/>
        </Trigger>
    </Style.Triggers>
</Style>
```

3. 菜单的状态

菜单控件有以下 3 种不同的状态：

（1）默认状态是没有设备（如鼠标指针）停留在 Menu 上时的状态，如图 2-29 所示。

图 2-29　无选中和停留状态菜单效果

（2）当鼠标指针悬停在 Menu 上时显示焦点状态，如图 2-30 所示。

图 2-30　悬停菜单运行效果

（3）当在 Menu 上单击鼠标按键时显示按下状态，如图 2-31 所示。

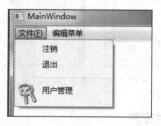

图 2-31　选中后菜单运行效果

4. 菜单制作案例

```xml
<Window x:Class="WpfLayout.MainWindow"
        xmlns="http://schemas.microsoft.com/winfx/2006/xaml/presentation"
        xmlns:x="http://schemas.microsoft.com/winfx/2006/xaml"
        Title="MainWindow" Height="350" Width="525">
    <Grid x:Name="myGrid">
    <Grid.RowDefinitions>
        <RowDefinition Height="5*"/>
        <RowDefinition Height="59*"/>
    </Grid.RowDefinitions>
    <Menu Height="25" VerticalAlignment="Top" HorizontalAlignment="Stretch" Grid.Row="0">
        <MenuItem Header="文件(_F)">
            <MenuItem Header="注销" Click="cancelMenu_Click"/>
            <MenuItem Header="退出" Click="quitMenu_Click"/>
            <Separator/>
            <MenuItem Header="用户管理" Click="adminMenu_Click" IsCheckable="True">
                <MenuItem.Icon>
                    <Image Source="Images/key.ico"/>
                </MenuItem.Icon>
            </MenuItem>
        </MenuItem>
        <MenuItem Header="编辑菜单(_E)">
            <MenuItem Header="复制" Command="ApplicationCommands.Copy"
                InputGestureText="Ctrl+C"/>
            <MenuItem Header="剪切" Command="ApplicationCommands.Cut"
                InputGestureText="Ctrl+X"/>
```

```
            <MenuItem Header="粘贴" Command="ApplicationCommands.Paste"
                 InputGestureText="Ctrl+V"/>
        </MenuItem>
    </Menu>
    <DockPanel Grid.Row="1">
        <TextBox    TextWrapping="Wrap" Text="TextBox" Margin="5"/>
    </DockPanel>
  </Grid>
</Window>
```

该菜单的运行效果如图 2-32 所示。

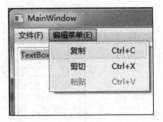

图 2-32　菜单运行效果

2.3.4　WPF 工具栏和状态栏控件

1. ToolBar 控件

ToolBar 控件是一组通常在功能上相关的命令或控件的容器。ToolBar 控件因其按钮或其他控件像条形栏一样排列成一行或一列而得名。ToolBar 简单地说就是一个容器，直接在其内部可以放入各种控件和分隔栏，然后就会整体呈现出来。

```
<ToolBar Band="1" BandIndex="2">
    <Button>
        <Image Source="Images\copy.jpg" Width="20" Height="20"/>
    </Button>
    <Button>
        <Image Source="Images\paste.jpg" Width="20" Height="20"/>
    </Button>
    <Separator/>
    <Button>
        <Image Source="Images\cut.jpg" Width="20" Height="20"/>
    </Button>
</ToolBar>
```

呈现效果如图 2-33 所示。

图 2-33　工具栏运行效果

WPF ToolBar 控件提供一种溢出机制，将不能自然适合于有大小限制的 ToolBar 的任意项放入一个特殊的溢出区域。通常，ToolBar 控件包含的项多于工具栏大小可以容纳的项数。出现这种情况时，ToolBar 会显示一个溢出按钮。要查看溢出项，用户可以单击溢出按钮，这些项即会显示在 ToolBar 下方的弹出窗口中。

具有溢出项的工具栏运行效果如图 2-34 所示。

图 2-34　工具栏溢出项被选出效果

通过将 ToolBar 的 OverflowMode 附加属性设置为 Always（总是）、Never（绝不）或 AsNeeded（视需要而定），可以指定工具栏上的项何时会放置在溢出面板上。

ToolBar 在其 ControlTemplate 中使用 ToolBarPanel 和 ToolBarOverflowPanel。ToolBarPanel 负责工具栏上的项的布局，ToolBarOverflowPanel 负责 ToolBar 上容不下项的布局。

2. ToolbarTray 控件

WPF ToolBar 控件通常还与相关的 ToolBarTray 控件一起使用，后者提供特殊的布局行为，并支持用户启动的工具栏大小调整和排列。ToolbarTray 控件就是 ToolBar 控件的容器。在 ToolBarTray 中指定工具栏的位置，使用 Band 和 BandIndex 属性可以在 ToolBarTray 中定位 ToolBar。

Band 指示 ToolBar 在其父 ToolBarTray 中的位置，BandIndex 指示 ToolBar 放入其 Band 中的顺序。

```
<ToolBarTray DockPanel.Dock="Top" Orientation="Horizontal">
    <ToolBar Band="1" BandIndex="1">
        <Button>
            <Image Source="Images\new.jpg" Width="20" Height="20"/>
        </Button>
        <Button>
            <Image Source="Images\open.jpg" Width="20" Height="20"/>
        </Button>
    </ToolBar>
    <ToolBar Band="1" BandIndex="2">
        <Button>
            <Image Source="Images\copy.jpg" Width="20" Height="20"/>
        </Button>
        <Button>
            <Image Source="Images\paste.jpg" Width="20" Height="20"/>
        </Button>
        <Separator/>
        <Button>
            <Image Source="Images\cut.jpg" Width="20" Height="20"/>
        </Button>
    </ToolBar>
</ToolBarTray>
```

多个工具栏在工具栏托盘管理下的运行效果如图 2-35 所示。

图 2-35　多个工具栏运行效果

3．StatusBar 控件

状态栏控件通常置于窗体底部，用于显示一些状态文本信息。在 WPF 中，StatusBar 控件也是一个容器控件，将要显示的信息都作为其下级元素。

```
<StatusBar >
    <TextBlock Text=" 状态栏文本信息" Margin="0,0,12,0"/>
</StatusBar>
```

为了状态栏信息能根据需要不断变化，其内部元素一般都要命名，以便于后台代码访问控制。同时如果需要状态栏右下角呈现调整区域，可以配置窗体的属性：ResizeMode= "CanResize-WithGrip"。

2.3.5　WPF 范围控件：滚动条、进展条、滑动条

WPF 提供了 3 个使用范围概念的控件：ScrollBar 控件、ProgressBar 控件和 Slider 控件，这些控件使用一个在特定最小值和最大值之间的数值。这些控件都继承自 RangeBase 类（该类又继承自 Control 类），不过尽管它们使用相同的抽象概念（范围），但它们的工作方式却有很大的区别。

1．RangeBase 类的属性

公共属性如表 2-11 所示。

表 2-11　RangeBase 类的公共属性

属性名	属性描述
Value	控件当前的值
Maximum	上限最大值
Minimum	下限最小值
SmallChangeValue	属性值的最小变化
LargeChangeValue	属性值的最大变化，即 ScrollBar 和 Solider 控件使用 PageUp 键和 PageDown 键后 Value 值改变的量（在滚动轴上左键也是按该值执行）

在事件方面，除了 ProgressBar 外其他控件都可以响应值的改变事件。

2．ScrollBar 控件

ScrollBar 控件呈现为一个滚动条形态，可以水平滚动也可以垂直滚动。其他属性与其父类相同。在 WPF 中一般不使用 ScrollBar 去作为其他控件的滚动条，而是用 ScrollViewer 来代替。

```
<ScrollBar Maximum="100" Minimum="0" Value="50" SmallChange="10"
           LargeChange="20"   Orientation="Horizontal">
</ScrollBar>
```

滚动条运行效果如图 2-36 所示。

图 2-36　滚动条运行效果

3. Slider 控件

Slider 控件是一个比 ScrollBar 控件更强大的范围控件，具有更多的外观属性和控制状态。

```
<Slider Maximum="100" Minimum="0" Value="50" SmallChange="1"
        LargeChange="2"  Orientation="Horizontal"
        Delay="10"    TickPlacement="BottomRight"
        TickFrequency="1" Ticks="1,1.5,2,10,20,30,40,50,60,70,80,90,100"
        IsSnapToTickEnabled="True"   IsSelectionRangeEnabled="True"
        SelectionStart="10" SelectionEnd="20">
</Slider>
```

Slider 控件运行效果如图 2-37 所示。

图 2-37　滑动条运行效果

滑动条除了具有 RangeBase 的公共属性外，还具有较多的独有属性，如表 2-12 所示。

表 2-12　Slider 控件的常用属性

属性名	属性描述
TickPlacement	设置刻度线出现在滚动条的哪边
IsSnapToTickEnabled	设置以刻度线对齐属性
TickFrequency	刻度单位
Ticks	如果没有设置 TickFrequency，则以此来画出刻度线，可以实现不均匀分布
SelectionStart	配合 SelectionEnd，让刻度线蓝色高亮度选中一段范围

4. ProgressBar 控件

ProgressBar 通常用于表示某个行为的进度，比如安装进度、处理进度，被数据自动控制显示，并不直接提供用户调节功能。

ProgressBar 本身较简单，相对其父类多了 IsIndeterminate，该值指示进度条是使用重复模式报告一般进度，还是基于 Value 属性报告进度。如果没有这个属性或者设置为 False，即便没有进度前进，也会有重复滚动效果。

```
<ProgressBar Maximum="100" Minimum="0"
             Value="50" Orientation="Horizontal"
             IsIndeterminate="True" Height="20" >
</ProgressBar>
```

进度条运行效果如图 2-38 所示。

图 2-38　进度条运行效果

2.3.6　用户自定义控件

1. 自定义控件开发的必要性

在传统 C#应用程序开发中，使用自定义控件几乎成了惯性思维，比如需要一个带图片的按钮或者几个控件组成的登录框等。因为标准 C#开发工具默认的控件并不支持这样的效果。但在 WPF 中此类任务却不需要如此大费周章，因为从前面的案例我们已经看到控件可以嵌套使用，并且后面还会讲到可以为控件外观打造一套新的样式。

因此 WPF 中一般情况下并没有很大需要我们来自定义控件。除非目前的控件都不能较好地表达需求，或者该控件组合会被大量用到时，那么可以自己来打造一个控件，否则也许我们仅仅改变一下目前控件的模板等就可以完成任务。

2. 自定义控件的类型

要在 WPF 中自定义一个控件，使用 UserControl 与 CustomControl 都是不错的选择（除此之外，还有更多选择，比如打造一个自定义的面板），它们的区别在于：

（1）UserControl，它更像 WinForm 中自定义控件的开发风格，在开发上更简单快速，几乎可以简单地理解为：利用设计器来将多个已有控件作为子元素来拼凑成一个 UserControl 并修改其外观，然后后台逻辑代码直接访问这些子元素。其最大的弊端在于：它对模板样式等支持度不好，其重复使用的范围有限。

（2）CustomControl，它开发出来的控件才真正具有 WPF 风格，它对模板样式有着很好的支持，这是因为打造 CustomControl 时做到了逻辑代码与外观相分离，即使换上一套完全不同的可视化树它同样能很好地工作，就像 WPF 内置的控件一样。

在使用 Visual Studio 打造控件时，UserControl 与 CustomControl 的差别就更加明显，在项目中添加一个 UserControl 时，我们会发现设计器为我们添加了一个 XAML 文件和一个对应的.CS 文件，然后你就可以像设计普通窗体一样设计该 UserControl；如果是在项目中添加一个 CustomControl，情况却不是这样，设计器会为我们生成一个.CS 文件，该文件用于编写控件的后台逻辑，而控件的外观却定义在软件的应用主题（Theme）中（如果你没有为软件定义通用主题，其会自动生成一个通用主题 themes\generic.xaml，然后主题中会自动为你的控件生成一个 Style），并将通用主题与该控件关联起来。这也就是 CustomControl 对样式的支持度比 UserControl 好的原因。

3. 定义 UserControl 类型自定义控件

可以通过项目添加新项来进行，也可以直接选择添加用户自定义控件来添加，如图 2-39 所示。

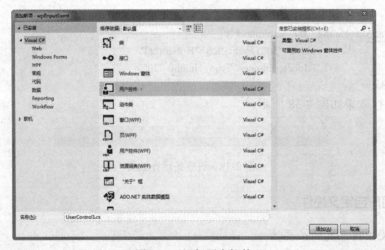

图 2-39   添加用户控件

重命名为 Circle 并确认添加后，WPF 自动创建类似窗口文件的 XAML 和 CS 文件，自定义控件内容如下：

```
<UserControl x:Class="wpfInputEvent.Circle"
             xmlns="http://schemas.microsoft.com/winfx/2006/xaml/presentation"
             xmlns:x="http://schemas.microsoft.com/winfx/2006/xaml"
             xmlns:mc="http://schemas.openxmlformats.org/markup-compatibility/2006"
             xmlns:d="http://schemas.microsoft.com/expression/blend/2008"
             mc:Ignorable="d"
             d:DesignHeight="300" d:DesignWidth="300" AllowDrop="True">
    <Grid>
        <Ellipse x:Name="circleUI"
         Height="100" Width="100"
         Fill="Blue" />
    </Grid>
</UserControl>
```

Grid 范围是自定义控件的设计区域，这里粗体部分放入设计是一个命名了的高 100、宽 100 的蓝色填充椭圆，其 CS 代码如下：

```
namespace wpfInputEvent
{
    /// <summary>
    /// Circle.xaml 的交互逻辑
    /// </summary>
    public partial class Circle : UserControl
    {
        public Circle()
        {
            InitializeComponent();
        }
        public Circle(Circle c)
        {
            InitializeComponent();
            this.circleUI.Height = c.circleUI.Height;
            this.circleUI.Width = c.circleUI.Height;
            this.circleUI.Fill = c.circleUI.Fill;
        }
    }
}
```

粗体部分的带参构造函数是另外加入的，使得该自定义控件可以参照其他控件构造。

4. 使用用户自定义控件

（1）代码加入法。

标准的做法是首先在需要使用该控件的窗体 XAML 中加入：

```
xmlns:local="clr-namespace:项目名称"
```

项目名称即项目命名空间的名称，以本案例为例则是：

```
xmlns:local="clr-namespace:wpfInputEvent"
```

然后就可以在窗体的需要位置加入用户控件 XAML：

```
<local:Circle Margin="2" />
```

（2）控件使用法。

其实一旦我们定义了用户自定义控件，VS 开发工具的工具箱就会自动出现该控件，对任意需要该控件的窗口，我们可以直接从工具箱中拖入，如图 2-40 所示。

一旦拖入 VS 会自动创建引用和控件 XAML。

图 2-40　从工具箱中使用用户自定义控件

【任务分析】

完成前面的知识准备后，我们来对设计图书管理系统主窗体任务进行分析。

主窗体是整个图书管理系统的核心部分，它根据当前登录用户权限灵活控制相关菜单项的有效性，使得用户只能使用自己权限内的功能。同时也为用户提供了系统整体功能的快速入口。一般来说主窗体由菜单、工具栏、背景和状态栏 4 个部分组成，本身窗体的用户区域并不设计具体功能，而是实现各个其他窗体的调度功能。

根据任务描述我们可以看出主窗体上的 4 个组成部件逐行分布，因此总的布局采用 Grid 布局，将其分为 4 行，第一行显示主菜单，第二行显示工具栏，最后一行显示状态栏，余下的显示背景图片。因为主菜单、工具栏和状态栏高度都不变，所以它们对应的 Grid 布局行都使用绝对（自动）值高度，只有第三行设置为比例值高度。

【任务实施】

（1）直接对项目中默认创建的 MainWindow 窗体进行完善，修改其图标、边框调整模式、启动位置。

（2）对主窗体的 Grid 布局 XAML。

```xml
<Window x:Class="BookMis.MainWindow"
        xmlns="http://schemas.microsoft.com/winfx/2006/xaml/presentation"
        xmlns:x="http://schemas.microsoft.com/winfx/2006/xaml"
        Title="欢迎使用图书管理系统" Height="350" Width="525" Loaded="Window_Loaded" Icon
            ="Images/Software.ico" ResizeMode="CanResizeWithGrip">
    <Grid x:Name="myGrid">
        <Grid.RowDefinitions>
            <RowDefinition Height="25"/>
            <RowDefinition Height="55"/>
            <RowDefinition Height="192*"/>
            <RowDefinition Height="25"/>
        </Grid.RowDefinitions>
    </Grid>
</Window>
```

（3）为主窗体添加主菜单。

结合图书管理系统的功能，主要包括用户管理、图书管理、读者管理、界面管理和帮助系统。

```xml
<Menu Height="25" VerticalAlignment="Top" HorizontalAlignment="Stretch" Grid.Row="0">
        <MenuItem Header="用户管理(_U)">
            <MenuItem Header="注销" Click="cancelMenu_Click"/>
            <MenuItem Header="退出" Click="quitMenu_Click"/>
            <Separator/>
            <MenuItem Header="用户管理" Click="UseradminMenu_Click" x:Name="menuUser">
                <MenuItem.Icon>
                    <Image Source="Images/key.ico"/>
                </MenuItem.Icon>
            </MenuItem>
        </MenuItem>
        <MenuItem Header="图书管理(_B)">
            <MenuItem Header="图书入库" InputGestureText="Ctrl+I"/>
            <Separator/>
            <MenuItem Header="图书借阅" InputGestureText="Ctrl+B"/>
            <MenuItem Header="图书归还" InputGestureText="Ctrl+R"/>
            <Separator/>
            <MenuItem Header="图书查询" InputGestureText="Ctrl+S"/>
        </MenuItem>
        <MenuItem Header="读者管理(_R)">
            <MenuItem Header="新增读者"/>
            <MenuItem Header="读者管理"/>
            <Separator/>
            <MenuItem Header="读者查询"/>
        </MenuItem>
        <MenuItem Header="界面管理(_I)">
            <MenuItem Header="主题定制"/>
            <MenuItem Header="个性化设定"/>
        </MenuItem>
        <MenuItem Header="帮助(_H)">
            <MenuItem Header="系统手册"/>
            <MenuItem Header="版本"/>
        </MenuItem>
    </Menu>
```

（4）为主窗体增加工具栏。

结合用户权限和系统最常用的功能设计两个工具栏：

- 图书管理工具栏：包括图书入库、图书借阅、图书归还和图书查询4项功能。
- 读者管理工具栏：包括新增读者、读者管理和读者查询3项功能。

```xml
<WrapPanel Grid.Row="1">
            <ToolBarTray DockPanel.Dock="Top" Orientation="Horizontal">
                <ToolBar Band="0" BandIndex="1" Margin="2">
                    <Button ToolTip="增加图书">
                        <Image Source="Images/addBook.jpg" Width="40" Height="40"/>
                    </Button>
                    <Separator/>
                    <Button ToolTip="图书借出">
```

```
                    <Image Source="Images/BookOut.jpg" Width="40" Height="40"/>
                </Button>
                <Separator/>
                <Button ToolTip="图书归还">
                    <Image Source="Images/BookIn.jpg" Width="40" Height="40"/>
                </Button>
                <Button ToolTip="图书查询">
                    <Image Source="Images/BookSearch1.jpg" Width="40" Height="40"/>
                </Button>
            </ToolBar>
            <ToolBar Band="1" BandIndex="2" Margin="2">
                <Button ToolTip="新增读者">
                    <Image Source="Images/AddReader.jpg" Width="40" Height="40"/>
                </Button>
                <Button ToolTip="读者管理">
                    <Image Source="Images/User.gif" Width="40" Height="40"/>
                </Button>
                <Separator/>
                <Button ToolTip="读者查询">
                    <Image Source="Images/SearchReader.JPG" Width="40" Height="40"/>
                </Button>
            </ToolBar>
        </ToolBarTray>
    </WrapPanel>
```

（5）为主窗体增加背景图片。

给主窗体增加背景图片有两种做法：一种是给整个窗体增加背景图片，另一种是给窗体余下的内容显示区域增加背景图片。就本应用来说第二种方式更适合，推荐采用 Image 控件来完成。因为图片的大小不一定和内容呈现区域一致，可以对图片使用拉伸属性。

```
<DockPanel Grid.Row="2">
    <Image Source="images\school.jpg" HorizontalAlignment="Left" Stretch="Fill" Margin="2"/>
</DockPanel>
```

（6）为主窗体增加状态栏。

状态栏用于显示图书管理系统的当前状态，比如当前谁登录、正在进行什么操作之类的信息。可以将状态栏分为两列，设计如下：

```
<DockPanel Grid.Row="3">
    <StatusBar >
        <TextBlock Text=" 状态： " Margin="0,0,12,0"/>
        <Separator/>
        <TextBlock x:Name="statusInfo" Text="欢迎登录图书管理系统"
            HorizontalAlignment="Left" Margin="2"/>
    </StatusBar>
</DockPanel>
```

（7）配置 App.xaml 设置主窗体为启动窗体，设定后按 F5 键运行，运行效果如图 2-23 所示。

【任务小结】

1. 本任务主要介绍了 WPF 下控件的概念、分类和一些较为复杂的控件的使用。学习者首先应该接受 WPF 控件的思想，抛开传统编程思想对控件的一些桎梏，就课程的先行课 C# 来说，WPF 下控件体系变化很大，布局和内容呈现已经做了巨大改变，需要重新学习和练习。但是控件的常用属性、方法和事件多数还是得以保留，或者有相似的替代。

2. 本任务中每类控件都进行了举例。对其他相似控件学习者需要在理解掌握同类应用后结合 C#知识予以举一反三。

本项目通过 3 个任务分别对 UI 设计的 3 个重要方面进行了介绍。

（1）任务 2.1 对应用程序类和窗体的属性配置进行了系统介绍，学习后不仅应该能设计各种需要的窗体，还要能对应用程序的启动和关闭模式进行配置。

（2）任务 2.2 对布局控件进行了系统介绍，学习后不仅能够完成任务的设计，还要求能够根据布局的需要灵活地选择恰当的布局控件进行布局。

（3）任务 2.3 对各种常见控件进行了系统介绍，学习后要求能结合 C#知识逐个应用它们，完成图书管理系统的 UI 设计与制作。

1. 仿照图 2-41 所示的效果制作一个造型时尚的登录窗体 UI。要求窗体包含必要的登录要素，其中标题栏部分可以实现拖动，控制按钮能响应用户行为。

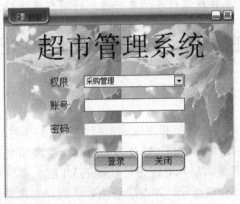

图 2-41 注册案例效果

2. 设计制作一个具有自己个性的用户注册 UI。

3. 设计制作一个具有菜单、工具栏、状态栏的窗体。

4. 设计一个 WPF 程序，包含两个窗体：frmLogin 和 frmMain。要求首先启动 frmLogin，关闭后再启动 frmMain。用 3 个项目分别对应 3 种启动实现方式。

项目三 WPF 的路由事件——登录和注册程序实现

 项目描述

本项目将对 WPF 中独具特色的路由事件进行学习，包括路由事件理论、键盘输入事件和鼠标输入事件。分任务对项目二中涉及的用户登录和用户注册 UI 中的路由事件进行设计与实现，根据用户表进行登录验证操作和管理员注册授权其他权限用户操作。让学习者既能理解和掌握 WPF 路由事件的应用，又能灵活思考如何应用 WPF 路由事件特性优化事件处理，提高用户使用体验。

 学习目标

1. 掌握 WPF 的路由事件的原理和特点。
2. 掌握 WPF 的基础键鼠事件。

 能力目标

1. 会根据需求选择恰当的隧道、冒泡路由事件，甚至直接由路由事件来响应用户行为，实现程序基本功能。
2. 会选择合适的路由事件提高程序的友好性，精简程序逻辑。

任务 3.1 完成登录窗体事件处理

【任务描述】

应用所学的路由事件知识，分析和完成用户登录界面的事件处理和登录后台程序。包括登录按钮单击事件、退出按钮单击事件，以及为了完成与数据库交互而进行三层架构数据访问设计的数据库访问层、业务逻辑层和处理事件代码的 UI 层。实现对用户登录行为的有效性验证，对用户的登录行为进行合理提示，并设法避免非法用户恶意猜测式登录，对连续 3 次登录失败的，自动结束程序运行。

【知识准备】

3.1.1 什么是路由事件

1. 路由事件的定义

Events，中文称为事件，是 Windows 消息机制中的重要概念之一，也是最常见的人机交

互手段之一。XAML 和其他开发语言类似，具有事件机能，帮助应用管理用户输入，执行不同的行为。根据用户不同的操作，执行不同的业务逻辑代码。例如，用户输入日期，单击按钮确认、移动鼠标等操作都可以使用事件进行管理。而在 WPF 应用开发中，事件常常被用于控制更改通知操作，例如使用 ListBox 绑定一个依赖属性，当该属性值修改时，可以通过事件自动通知客户端，并更新显示属性值。

（1）快速理解 XAML 事件。

在传统应用中，一个对象激活一个事件被称为 Event Sender（事件发送者），而事件所影响的对象则称为 Event Receiver（事件接收者）。例如，在 Windows Forms 应用开发中，对象事件的 Sender 和 Receiver 永远是同一个对象。简单的理解，如果你单击一个按钮对象，这个按钮对象激活 Click 事件，同时该对象后台代码将接收事件，并执行相关的逻辑代码。

而 XAML 中不仅继承传统事件处理方式，并且引入依赖属性系统，同时还引入一个增强型事件处理系统——Routed Event（路由事件）。路由事件和传统事件的不同是，路由事件允许一个对象激活事件后，既是一个 Event Sender（事件发送者），同时拥有一个或者多个 Event Receiver（事件接收者）。

（2）普通 XAML 事件基础语法。

若要使用 XAML 为某个事件添加处理程序，只要将该事件的名称声明为用作事件侦听器的元素的特性，而该特性的值是所实现的处理程序方法的名称。事件在 XAML 中的基础语法如下：

```
<元素对象 事件名称="事件处理"/>
```

例如，使用按钮控件的 Click 事件响应按钮单击效果，代码如下：

```
<Button Click="Button_Click"/>
```

其中 Button_Click 连接后台代码中的同名事件处理程序，通常处理程序方法必须存在于代码隐藏文件的分部类中。

```
Private void Button_Click(object sender, RoutedEventArgs e)
{
    事件处理;
}
```

在实际项目开发中，Visual Studio 的 XAML 语法解析器为开发人员提供了智能感知功能，通过该功能可以在 XAML 中方便地调用指定事件，而 Visual Studio 将为对应事件自动生成事件处理函数后台代码。生成用来添加标准 CLR 事件处理程序的 XAML 语法与用来添加路由事件处理程序的语法相同，因为我们实际上是在向底层具有路由事件实现的 CLR 事件包装中添加处理程序。通常情况下在 WPF 中系统自动生成的事件都是路由事件。路由事件具有特殊的行为，但是如果我们在引发该行为的元素上处理事件，则该行为通常会不可见。如果没有特殊需求，我们并不需要确切地了解正在处理的事件是否作为路由事件实现。

（3）XAML 路由事件（Routed Event）。

路由事件是一个 CLR 事件，它由 RoutedEvent 类的实例提供支持并向 WPF 事件系统注册。从注册中获取的 RoutedEvent 实例通常保留为某类的 Public Static Readonly 字段成员，该类进行了注册并因此"拥有"路由事件。

可以从功能或实现的角度来考虑路由事件。此处对这两种定义均进行了说明，因为用户当中有的认为前者更有用，而有的则认为后者更有用。

● 功能定义：路由事件是一种可以针对元素树中的多个侦听器（而不是仅针对引发该事

件的对象）调用处理程序的事件。

- 实现定义：路由事件是一个 CLR 事件，可以由 RoutedEvent 类的实例提供支持并由 Windows Presentation Foundation（WPF）事件系统来处理。

XAML 的路由事件处理方式可分为以下 3 种（如图 3-1 所示）：

- 冒泡事件（Bubbling Event）：是最常见的事件处理方式。该事件表示对象激活事件后，将沿着对象树由下至上，由子到父的方式传播扩散，直到被处理或者到达对应的根对象元素，或者该事件对应的 RoutedEventArgs.Handled = true 时，完成处理。在传播扩散中，所有涉及的元素对象都可以对该事件进行控制。
- 隧道事件（Tunneling Event）：该事件处理方式和冒泡事件相反，对象激活事件后，将从根对象元素传播扩散到激活事件的子对象，或者该事件对应的 RoutedEventArgs.Handled = true 时，完成处理。该事件仅 Windows 支持。
- 直接路由事件（Direct Routing Event）：该事件没有向上或者向下传播扩散，仅作用于当前激活事件的对象上。该事件可被 Windows、Silverlight 支持。

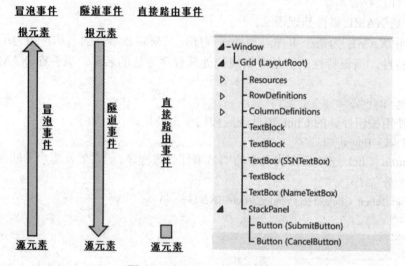

图 3-1　路由事件及其逻辑树

例如对下面 XAML 的冒泡路由事件：

```
<Border Height="50" Width="300" BorderBrush="Gray" BorderThickness="1">
    <StackPanel Background="LightGray" Orientation="Horizontal" Button.Click="CommonClickHandler">
        <Button Name="YesButton" Width="Auto" >Yes</Button>
        <Button Name="NoButton" Width="Auto" >No</Button>
        <Button Name="CancelButton" Width="Auto" >Cancel</Button>
    </StackPanel>
</Border>
```

此元素树生成类似如图 3-2 所示的内容。

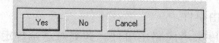

图 3-2　XAML 运行效果

在这个简化的元素树中，Click 事件的源是某个 Button 元素，而所单击的 Button 是有机会处理该事件的第一个元素。但是，如果附加到 Button 的任何处理程序均未作用于该事件，则该事件将向上冒泡到元素树中的 Button 父级（即 StackPanel）。该事件可能会冒泡到 Border，然后会到达元素树的页面根（未显示出来）。

换句话说，此 Click 事件的事件路由为：

Button-->StackPanel-->Border-->...

路由事件与同名 CLR 事件（有时称为"包装"事件）的连接是通过重写 CLR 事件的 add 和 remove 实现来完成的。通常，add 和 remove 保留为隐式默认值，该默认值使用特定于语言的相应事件语法来添加和移除该事件的处理程序。路由事件的支持和连接机制在概念上与依赖属性相似：依赖属性是一个 CLR 属性，该属性由 DependencyProperty 类提供支持并向 WPF 属性系统注册。

下面的示例演示自定义 Touch 路由事件的声明，其中包括注册和公开 RoutedEvent 标识符字段以及对 Touch CLR 事件进行 add 和 remove 实现。

```
public static readonly RoutedEvent TapEvent = EventManager.RegisterRoutedEvent(
    "Touch", RoutingStrategy.Bubble, typeof(RoutedEventHandler), typeof(MyButtonSimple));
// Provide CLR accessors for the event
public event RoutedEventHandler Touch
{
        add { AddHandler(TapEvent, value); }
        remove { RemoveHandler(TapEvent, value); }
}
```

2. 为什么使用路由事件

（1）原 CLR 事件功能不足。

在 WPF 开发模型下，原始的 CLR 事件已经不能满足开发的要求，从而导致对事件的处理异常繁琐：

首先就是控件的封装。WPF 中，我们可以将一个控件作为另一个控件的子控件，从而呈现丰富的效果。例如我们可以在一个 Button 中包含一个图像。在这种情况下，对图像的点击实际上应该是对按钮的点击。正因为如此，我们期望真正触发被点击事件的控件是 Button，而不是嵌在其中的图像。这正好要求 WPF 将点击事件沿可视化树依次传递，即路由事件的路由功能。可以说，这是 WPF 添加路由事件的最直观理由。

同样由于 WPF 提供了丰富的组合模型，一小块程序界面组成中就可能包含了多个相同的界面元素。为了能在一处执行对特定事件的侦听，而不是为这些界面组成依次添加事件处理函数。路由事件为这种情况提供了一种较为简单的处理方式：在它们的公共父元素中添加事件处理函数。在该路由事件路由到该元素时，事件处理函数才会被调用。例如在 TreeView 中为 DragDrop 功能提供支持的时候，你不可能在各个条目中依次标明对鼠标操作的响应，而应在 TreeView 元素中侦听鼠标操作事件。同样 Windows 的经典应用"计算器"中，对于范围内的所有数字按钮元素，其鼠标处理方式均是一致的，更是没有必要为每个单独定义，直接在上级容器中响应鼠标事件即可。

单一处理程序附加点：在 Windows 窗体中，必须多次附加同一个处理程序才能处理可能是从多个元素引发的事件。路由事件使我们可以只附加该处理程序一次（像上例中那样），并在必要时使用处理程序逻辑来确定该事件源自何处。例如，这可以是前面显示的 XAML 的处理程序：

```
private void CommonClickHandler(object sender, RoutedEventArgs e)
{
    FrameworkElement feSource = e.Source as FrameworkElement;
    switch (feSource.Name)
    {
        case "YesButton":
            // do something here ...
            break;
        case "NoButton":
            // do something ...
            break;
        case "CancelButton":
            // do something ...
            break;
    }
    e.Handled=true;
}
```

（2）路由事件具有更为丰富的功能。

首先，路由事件允许软件开发人员通过 EventManager.RegisterClassHandler()函数使用由类定义的静态处理程序。这个类定义的静态处理程序与类型的静态构造函数有些类似：在路由事件到达路由中的元素实例时，WPF 都会首先调用该类处理程序，然后再执行该实例所注册的侦听函数。这种控件编写方式在 WPF 的内部实现中经常使用，因为这样的类可以强制优先执行该处理程序，以防它们在处理实例上的事件时被意外禁止。

另外，通过对路由事件进行管理的类型 EventManager，我们可以通过函数调用 GetRoutedEvents()得到相应的路由事件，而不再需要运用反射等较为耗时的方法。

3．路由事件的使用建议

如果我们使用以下任一建议方案，路由事件的功能将得到充分发挥：

● 在公用根处定义公用处理程序。

● 合成自己的控件。

● 定义自己的自定义控件类。

路由事件侦听器和路由事件源不必在其层次结构中共享公用事件。任何 UIElement 或 ContentElement 可以是任一路由事件的事件侦听器。因此，我们可以使用在整个工作 API 集内可用的全套路由事件作为概念"接口"，应用程序中的不同元素凭借这个接口来交换事件信息。路由事件的这个"接口"概念特别适用于输入事件。

路由事件还可以用来通过元素树进行通信，因为事件的事件数据会永存到路由中的每个元素中。一个元素可以更改事件数据中的某项内容，该更改将对路由中的下一个元素可用。

3.1.2 为路由事件添加和实现事件处理程序

1．添加路由事件

若要在 XAML 中添加事件处理程序，只需将相应的事件名称作为一个特性添加到某个元素中，并将特性值设置为用来实现相应委托的事件处理程序的名称，如以下示例所示：

```
<Grid MouseLeftButtonDown="Click_Img">
```

```
<Border CornerRadius="20" Width="80" Height=" 30" BorderBrush="Black" BorderThickness="1">
        <Image Source="Images/back1.png" x:Name="ccPic"/>
    </Border>
 </Grid>
```

然后右击事件名 Click_Img，在弹出的快捷菜单中选择"定位到事件处理程序"，操作如图 3-3 所示。

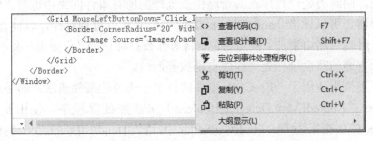

图 3-3 为 Grid 布局容器添加鼠标左键按下事件处理程序

即可打开当前 XAML 的 CS 文件，并自动创建该路由事件处理程序。

```
private void Click_Img(object sender, MouseButtonEventArgs e)
{


}
```

当然该过程也可以通过控件的属性面板，选择事件，然后找到对应的事件双击创建，如图 3-4 所示。

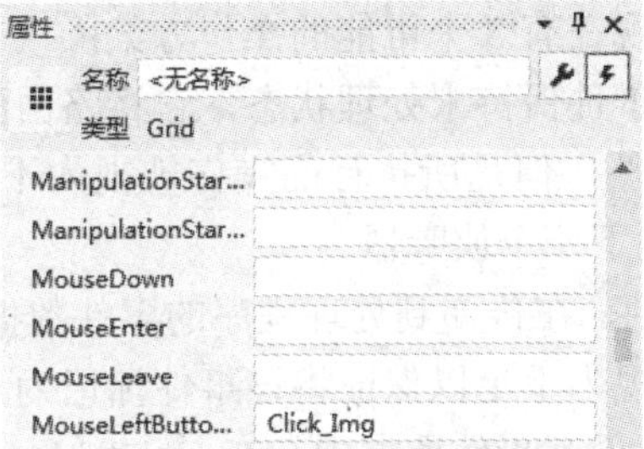

图 3-4 通过控件属性面板添加事件处理程序

Click_Img 是实现的处理程序的名称，该处理程序包含用来处理 Click 事件的代码。Click_Img 必须具备与 RoutedEventHandler 委托相同的签名，该委托是 MouseLeftButtonDown 事件的事件处理程序委托。所有路由事件处理程序委托的第一个参数都指定要向其中添加事件处理程序的元素，第二个参数指定事件的数据。不同的事件中，第二个参数类型名称可能不同，但是都有路由事件参数的共性功能。例如 Click 事件中的 RoutedEventArgs args 和上述案例中的 MouseButtonEventArgs args，尽管名称不同但是都含有追溯事件来源和终止路由的"已处理"等参数。

2. "已处理" 概念

所有的路由事件都共享一个公共的事件数据基类 RoutedEventArgs。RoutedEventArgs 定义了一个采用布尔值的 Handled 属性。Handled 属性的目的在于，允许路由中的任何事件处理程序通过将 Handled 的值设置为 True 来将路由事件标记为"已处理"。处理程序在路由路径上的某个元素处对共享事件数据进行处理之后，这些数据将再次报告给路由路径上的每个侦听器。

Handled 的值影响路由事件在沿路由线路向远处传播时的报告或处理方式。在路由事件的事件数据中，如果 Handled 为 True，则通常不再为该特定事件实例调用负责在其他元素上侦听该路由事件的处理程序。这条规则对以下两类处理程序均适用：在 XAML 中附加的处理程序和由语言特定的事件处理程序附加语法（如+=或 Handles）添加的处理程序。对于最常见的处理程序方案，如果将 Handled 设置为 True，以此将事件标记为"已处理"，则将"停止"隧道路由或冒泡路由，同时类处理程序在某个路由点处理的所有事件的路由也将"停止"。

但是，侦听器仍可以凭借 handledEventsToo 机制来运行处理程序，以便在事件数据中的 Handled 为 True 时响应路由事件。换句话说，将事件数据标记为"已处理"并不会真的停止事件路由，而是让普通的路由事件处理程序自动放弃而已。

在代码中，不使用适用于一般 CLR 事件的特定于语言的事件语法，而是通过调用 WPF 方法 AddHandler（RoutedEvent,Delegate,Boolean）来添加处理程序。使用此方法时，请将 handledEventsToo 的值指定为 True。在 EventSetter 中，请将 HandledEventsToo 特性设置为 True。

除了 Handled 状态在路由事件中生成的行为以外，Handled 概念还暗示我们应当如何设计自己的应用程序和编写事件处理程序代码。可以将 Handled 概念化为由路由事件公开的简单协议。此协议的具体使用方法由我们来决定，但是需要按照如下方式来对 Handled 值的预期使用方式进行概念设计：

● 如果路由事件标记为"已处理"，则它不必由该路由中的其他元素再次处理。
● 如果路由事件未标记为"已处理"，则说明该路由中前面的其他侦听器已经选择了不注册处理程序，或者已经注册的处理程序选择不操作事件数据并将 Handled 设置为 True（或者，当前的侦听器很可能就是路由中的第一个点）。

当前侦听器上的处理程序现在有 3 个可能的操作方案：

● 不执行任何操作，该事件保持未处理状态，它将路由到下一个侦听器。
● 执行代码以响应该事件，但是所执行的操作被视为不足以保证将事件标记为"已处理"。该事件将路由到下一个侦听器。
● 执行代码以响应该事件。在传递到处理程序的事件数据中将该事件标记为"已处理"，因为所执行的操作被视为不足以保证将该事件标记为"已处理"。该事件仍将路由到下一个侦听器，但是由于其事件数据中存在 Handled=true，因此只有 handledEventsToo 侦听器才有机会调用进一步的处理程序。

这个概念设计是通过前面提到的路由行为来加强的：即使路由中前面的处理程序已经将 Handled 设置为 True，也会增加为所调用的路由事件附加处理程序的难度（尽管仍可以在代码或样式中实现这一目的）。

在应用程序中，相当常见的做法是只针对引发冒泡路由事件的对象来处理该事件，而根本不考虑事件的路由特征。但是，在事件数据中将路由事件标记为"已处理"仍是一个不错的做法，因为这样可以防止元素树中位置更高的元素也对同一个路由事件附加了处理程序而出现意外的副作用。

3．类处理程序

如果我们定义的类是以某种方式从 DependencyObject 派生的，那么对于作为类的已声明或已继承事件成员的路由事件，还可以定义和附加一个类处理程序。每当路由事件到达其路由中的元素实例时，都会先调用类处理程序，然后再调用附加到该类某个实例的任何实例侦听器处理程序。

有些 WPF 控件对某些路由事件具有固有的类处理。路由事件可能看起来从未引发过，但实际上正对其进行类处理，如果我们使用某些技术的话，路由事件还是可能由实例处理程序进行处理。同样，许多基类和控件都公开可用来重写类处理行为的虚方法。

4. WPF 中的附加事件

XAML 语言还定义了一个名为"附加事件"的特殊类型的事件。使用附加事件，可以将特定事件的处理程序添加到任意元素中。处理事件的元素不必定义或继承附加事件，可能引发事件的对象和用来处理实例的目标也都不必将该事件定义为类成员或将其作为类成员来"拥有"。

WPF 输入系统大量地使用附加事件。但是，几乎所有的附加事件都是通过基本元素转发的。输入事件随后会显示为等效的、作为基本元素类成员的非附加路由事件。例如，通过针对该 UIElement 使用 MouseDown（而不是在 XAML 或代码中处理附加事件语法），可以针对任何给定的 UIElement 更方便地处理基础附加事件 Mouse.MouseDown。

5. XAML 中的限定事件名称

为子元素所引发的路由事件附加处理程序是另一个语法用法，它与类型名称、事件名称附加事件语法相似，但它并非严格意义上的附加事件用法。可以向公用父级附加处理程序以利用事件路由，即使公用父级可能不将相关的路由事件作为其成员也是如此，例如下面的示例：

```
<Border Height="50" Width="300" BorderBrush="Gray" BorderThickness="1">
    <StackPanel Background="LightGray" Orientation="Horizontal" Button.Click="CommonClickHandler">
        <Button Name="YesButton" Width="Auto" >Yes</Button>
        <Button Name="NoButton" Width="Auto" >No</Button>
        <Button Name="CancelButton" Width="Auto" >Cancel</Button>
    </StackPanel>
</Border>
```

在这里，在其中添加处理程序的父元素侦听器是 StackPanel。但是，它正在为已经声明而且将由 Button 类（实际上是 ButtonBase，但是可以由 Button 通过继承来使用）引发的路由事件添加处理程序。Button "拥有"该事件，但是路由事件系统允许将任何路由事件的处理程序附加到任何 UIElement 或 ContentElement 实例侦听器，该侦听器可能会以其他方式为公共语言运行时（CLR）事件附加侦听器。对于这些限定的事件特性名来说，默认的 xmlns 命名空间通常是默认的 WPF xmlns 命名空间，但是我们还可以为自定义路由事件指定带有前缀的命名空间。

6. WPF 输入事件

路由事件在 WPF 平台中的常见用法之一是用于事件输入。在 WPF 中，按照约定，隧道路由事件的名称以单词 Preview 开头。输入事件通常成对出现，一个是冒泡事件，另一个是隧道事件。例如，KeyDown 事件和 PreviewKeyDown 事件具有相同的签名，前者是冒泡输入事件，后者是隧道输入事件。偶尔，输入事件只有冒泡版本，或者有可能只有直接路由版本。当存在具有替换路由策略的类似路由事件时，路由事件主题交叉引用它们，而且托管引用页面中的各个节阐释每个路由事件的路由策略。

实现成对出现的 WPF 输入事件的目的在于，使来自输入的单个用户操作（如按鼠标按键）按顺序引发该对中的两个路由事件。首先引发隧道事件并沿路由传播，然后引发冒泡事件并沿其路由传播。顾名思义，这两个事件会共享同一个事件数据实例，因为用来引发冒泡事件的实现类中的 RaiseEvent 方法调用会侦听隧道事件中的事件数据，并在新引发的事件中重用它。具有隧道事件处理程序的侦听器首先获得将路由事件标记为"已处理"的机会（首先是类处理程序，然后是实例处理程序）。如果隧道路由中的某个元素将路由事件标记为"已处理"，则会针对冒泡事件发送已经处理的事件数据，而且将不调用为等效的冒泡输入事件附加的典型处理程序。已处理的冒泡事件看起来好像尚未引发过。此处理行为对于控件合成非常有用，因为此时我们可能希望所有基于命中测试的输入事件或者所有基于焦点的输入事件都由最终的控件（而不是它的复合部件）报告。作为可支持控件类的代码的一部分，最后一个控件元素靠近合成链中的根，因此将有机会首先对隧道事件进行类处理，或许还有机会将该路由事件"替换"为更特定于控件的事件。

为了说明输入事件处理的工作方式，请考虑下面的输入事件示例。在图 3-5 中，叶元素#2是先后发生的 PreviewMouseDown 事件和 MouseDown 事件的源。

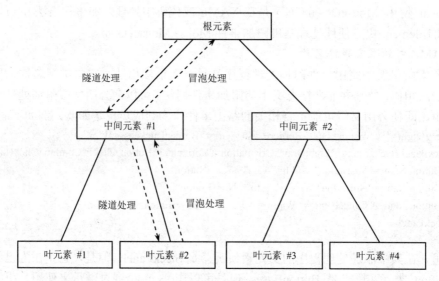

图 3-5　输入事件的冒泡和隧道路由

事件的处理顺序如下：

针对根元素处理：PreviewMouseDown（隧道）。

针对中间元素#1 处理：PreviewMouseDown（隧道）。

针对叶元素#2 处理：PreviewMouseDown（隧道）。

针对叶元素#2 处理：MouseDown（冒泡）。

针对中间元素#1 处理：MouseDown（冒泡）。

针对根元素处理：MouseDown（冒泡）。

路由事件处理程序委托提供对以下两个对象的引用：引发该事件的对象和在其中调用处理程序的对象。在其中调用处理程序的对象是由 Sender 参数报告的对象。首先在其中引发事件的对象是由事件数据中的 Source 属性报告的。路由事件仍可以由同一个对象引发和处理，在这种情况下，Sender 和 Source 是相同的（事件处理示例列表中的步骤 3 和 4 就是这样的情况）。

由于存在隧道和冒泡，因此父元素接收 Source 作为其子元素之一的输入事件。当有必要知道源元素是哪个元素时，可以通过访问 Source 属性来标识源元素。

通常，一旦将输入事件标记为 Handled，就将不进一步调用处理程序。通常，一旦调用了用来对输入事件的含义进行特定于应用程序的逻辑处理的处理程序，就应当将输入事件标记为"已处理"。

对于这个有关 Handled 状态的通用声明有一个例外，那就是注册为有意忽略事件数据 Handled 状态的输入事件处理程序仍将在其路由中被调用。

通常，隧道事件和冒泡事件之间的共享事件数据模型以及先引发隧道事件后引发冒泡事件等概念并非对于所有的路由事件都适用。该行为的实现取决于 WPF 输入设备选择引发和连接输入事件对的具体方式。实现自己的输入事件是一个高级方案，但是我们也可以选择针对自己的输入事件遵循该模型。

一些类选择对某些输入事件进行类处理，其目的通常是重新定义用户驱动的特定输入事件在该控件中的含义并引发新事件。

7. EventSetter 和 EventTrigger

在样式中，可以通过使用 EventSetter 在标记中包括某个预先声明的 XAML 事件处理语法。在应用样式时，所引用的处理程序会添加到带样式的实例中，只能针对路由事件声明 EventSetter。下面是一个示例。请注意，此处引用的 btSetColor 方法位于代码隐藏文件中。

```xml
<StackPanel
    xmlns="http://schemas.microsoft.com/winfx/2006/xaml/presentation"
    xmlns:x="http://schemas.microsoft.com/winfx/2006/xaml"
    x:Class="SDKSample.EventOvw2"
    Name="dpanel2"
    Initialized="PrimeHandledToo">
    <StackPanel.Resources>
      <Style TargetType="{x:Type Button}">
        <EventSetter Event="Click" Handler="btSetColor"/>
      </Style>
    </StackPanel.Resources>
    <Button>Click me</Button>
    <Button Name="ThisButton" Click="HandleThis">
      Raise event, handle it, use handled=true handler to get it anyway.
    </Button>
</StackPanel>
```

这样做的好处在于，样式有可能包含大量可应用于应用程序中任何按钮的其他信息，让 EventSetter 成为该样式的一部分甚至可以提高代码在标记级别的重用率。而且，EventSetter 还进一步从通用的应用程序和页面标记中提取处理程序方法的名称。

另一个将 WPF 的路由事件和动画功能结合在一起的专用语法是 EventTrigger。与 EventSetter 一样，只有路由事件可以用于 EventTrigger。通常将 EventTrigger 声明为样式的一部分，但是还可以在页面级元素上将 EventTrigger 声明为 Triggers 集合的一部分或者在 ControlTemplate 中对其进行声明。使用 EventTrigger，可以指定当路由事件到达其路由中的某个元素（这个元素针对该事件声明了 EventTrigger）时将运行 Storyboard。与只是处理事件并且会导致它启动现有演示图板相比，EventTrigger 的好处在于，EventTrigger 对演示图板及其运行时行为提供更好的控制。

【任务分析】

完成前面的知识学习后，我们来进行登录窗体事件处理的任务分析。

登录窗体因为只输入用户名和口令，只需要处理两个按钮的单击事件。因为很简单，建议使用直接路由事件。

因为要使用数据库访问，所以可以将数据库访问操作分 3 个步骤完成（三层架构）：

（1）全系统通用的数据库访问基类 AccessDB（数据访问层）。

（2）用户信息表的数据库访问专有类 UserInfo（业务逻辑层）。

（3）数据库操作窗体类 frmLogin（UI 层）。

【任务实施】

1. 在 WPF 配置文件中配置数据库连接字符串

在项目中新增 App.Config 文件，修改其配置为：

```xml
<?xml version="1.0" encoding="utf-8" ?>
<configuration>
    <startup>
        <supportedRuntime version="v4.0" sku=".NETFramework,Version=v4.5" />
    </startup>
    <connectionStrings>
    <add name="BookMisConnStr"
        connectionString="Data Source=LINGDONGLAI-PC\SQLEXPRESS;Initial
            Catalog=BookDB;Integrated
            Security=True"
        providerName="System.Data.SqlClient" />
    </connectionStrings>
</configuration>
```

2. 新增数据库访问层 AccessDB 类

```csharp
namespace BookMis
{
    class DataBase
    {
    }
    public class AccessDB
    {
        public AccessDB()
        {
            ///
        }
        public static string GetConnStr()
        {
            return ConfigurationManager.ConnectionStrings["StudentConnectionString"].ConnectionString;
        }
        public static SqlConnection GetConnection()
        {
            SqlConnection scn = new SqlConnection();
            scn.ConnectionString = GetConnStr();
            return scn;
        }
        public static DataSet GetDataSet(string SQL, string NickName)
        {
```

```
            SqlConnection scn = new SqlConnection();
            scn.ConnectionString = GetConnStr();
            scn.Open();
            SqlDataAdapter da = new SqlDataAdapter(SQL, scn);
            DataSet ds = new DataSet();
            da.Fill(ds, NickName);
            scn.Close();
            return ds;
        }
        public static DataTable GetDataTable(string SQL)
        {
            SqlConnection scn = new SqlConnection();
            scn.ConnectionString = GetConnStr();
            scn.Open();
            SqlDataAdapter da = new SqlDataAdapter(SQL, scn);
            DataSet ds = new DataSet();
            da.Fill(ds, "tmp");
            scn.Close();
            return ds.Tables[0];
        }

        public static string GetFieldValue(string SQL)
        {

            SqlConnection scn = new SqlConnection();
            scn.ConnectionString = GetConnStr();
            scn.Open();
            SqlCommand scm = scn.CreateCommand();
            scm.CommandText = SQL;
            SqlDataReader sdr = scm.ExecuteReader();
            string tmp = "";
            if (sdr.Read())
            {
                if (sdr.IsDBNull(0))
                    tmp = "";
                else
                    tmp = sdr.GetValue(0).ToString();
            }
            sdr.Close();
            scn.Close();
            return tmp.Trim();
        }
        public static string ExecSQL(string SQL)
        {

            SqlConnection scn = new SqlConnection();
            scn.ConnectionString = GetConnStr();
            scn.Open();
```

```
                SqlCommand scm = new SqlCommand();
                scm.Connection = scn;
                scm.CommandText = SQL;
                int t = scm.ExecuteNonQuery();
                scn.Close();
                return t.ToString();
            }
        }
}
```

注意该类中要添加 3 个命名空间：System.Data、System.Data.SqlClient 和 System.Configuration。同时对于最后一个命名空间还要添加其引用，如图 3-6 所示，用于解决访问 App.Config 中数据库连接字符串和数据库访问。

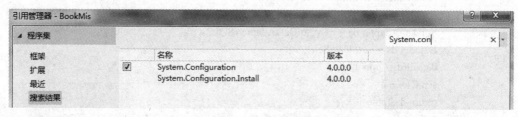

图 3-6   引用 System.Configuration.dll

3. 新增用户表业务逻辑层 UserInfo 类

```
namespace UserAdmin
{
    public class UserInfo
    {
        public static Boolean IsCheckIn;          //登录状态
        public static string UID;                 //账号
        public static string LoginTime;           //登录时间
        public static Boolean IsUserAdmin;        //是否拥有用户管理权限
        public static Boolean IsReaderAdmin;      //是否拥有读者管理权限
        public static Boolean IsBookAdmin;        //是否拥有图书权限
        public static Boolean IsBorrowAdmin;      //是否拥有借阅权限
        public static bool judgeUser(string uid,string pwd)
        {
            string sql;
            sql = "select count(*) from UserInfo where [UserID]='" + uid + "' and [UserPWD]='" + pwd + "'";
            string cnt = AccessDB.GetFieldValue(sql);
            if (cnt == "1")
            {
                return true;
            }
            return false;
        }
        public static bool isExistUser(string uid)
        {
            string cnt = AccessDB.GetFieldValue("select count(*) from UserInfo where [UserID]='" + uid + "'");
            if (cnt == "1")
```

```
        {
            return true;
        }
        return false;
    }
    public static string getPassword(string uid)
    {

        if (isExistUser(uid) == true)
        {
            return AccessDB.GetFieldValue("select [UserPWD] from UserInfo where [UserID]='"
                + uid + "'");
        }
        return "";

    }
    public static Boolean getUserAdmin(string uid)
    {

        if (isExistUser(uid) == true)
        {

            string qx= AccessDB.GetFieldValue("select UserAdmin from UserInfo where [UserID]='"
                + uid + "'");
            return Convert.ToBoolean(qx);
        }
        return false;

    }
    public static Boolean getReaderAdmin(string uid)
    {

        if (isExistUser(uid) == true)
        {

            string qx = AccessDB.GetFieldValue("select ReaderAdmin from UserInfo where
                [UserID]='" + uid + "'");
            return Convert.ToBoolean(qx);
        }
        return false;

    }
    public static Boolean getBookAdmin(string uid)
    {

        if (isExistUser(uid) == true)
        {

            string qx = AccessDB.GetFieldValue("select BookAdmin from UserInfo where [UserID]='"
                + uid + "'");
            return Convert.ToBoolean(qx);
        }
        return false;

    }
    public static Boolean getBorrowAdmin(string uid)
    {

        if (isExistUser(uid) == true)

        {
```

```
            string qx = AccessDB.GetFieldValue("select BorrowAdmin from UserInfo where
                [UserID]='" + uid + "'");
            return Convert.ToBoolean(qx);
        }
        return false;
    }


    public static bool newUser(string uid, string pwd, string userAdmin,string readerAdmin,string
            bookAdmin,string borrowAdmin,string regTime)
    {
        if (isExistUser(uid) == false)
        {
            string sql;
            sql = "insert into userInfo([UserID],[UserPWD],UserAdmin,ReaderAdmin,
                BookAdmin,BorrowAdmin,RegisterTime) ";
            sql += "values('" + uid + "','" + pwd + "','" + userAdmin + "','"+readerAdmin+"','"
                +bookAdmin+"','"+borrowAdmin+"','"+regTime+"')";
            AccessDB.ExecSQL(sql);
            return true;
        }
        return false;
    }
    public static bool modifyUser(string uid, string pwd, string userAdmin, string readerAdmin, string
            bookAdmin, string borrowAdmin)
    {
        if (isExistUser(uid) == true)
        {
            string sql;
            sql = "update userInfo set [userPWD]='"+pwd+"' , UserAdmin='" + userAdmin + "',
                ReaderAdmin='" + readerAdmin;
            sql+="',BookAdmin='"+bookAdmin+"',BorrowAdmin='"+borrowAdmin+"'   where
                [UserID]='" + uid + "'";
            AccessDB.ExecSQL(sql);
            return true;
        }
        return false;
    }


    public static bool deleteUser(string uid)
    {
        if (isExistUser(uid) == true)
        {
            AccessDB.ExecSQL("delete from UserInfo where [UserID]='" + uid + "'");
            return true;
        }
        return false;
    }
    }
}
```

4. UI 层代码

```
namespace BookMis
{
    /// <summary>
    /// frmLogin.xaml 的交互逻辑
    /// </summary>
    public partial class frmLogin : Window
    {
        int loginCount=1;
        public frmLogin()
        {
            InitializeComponent();
        }

        private void btLogin_Click(object sender, RoutedEventArgs e)
        {
            string uid = txtUID.Text;
            string pwd = txtPWD.Password;
            if (uid.Length == 0 || pwd.Length == 0)
            {
                MessageBox.Show("用户名和口令不能为空！");
                txtUID.Focus();
                return;
            }
            if (UserInfo.judgeUser(uid, pwd) == true)
            {
                UserInfo.IsCheckIn = true;
                UserInfo.UID = uid;
                UserInfo.IsUserAdmin = UserInfo.getUserAdmin(uid);
                UserInfo.IsReaderAdmin = UserInfo.getReaderAdmin(uid);
                UserInfo.IsBookAdmin = UserInfo.getBookAdmin(uid);
                UserInfo.IsBorrowAdmin = UserInfo.getBorrowAdmin(uid);
                UserInfo.LoginTime = DateTime.Now.ToString();
                this.Close();
                return;
            }
            if (++loginCount == 3)
            {
                MessageBox.Show("连续登录失败 3 次，程序即将退出！");
                this.Close();
                return;
            }
            MessageBox.Show("用户名或口令不正确，请修改后再登录！");
        }

        private void btExit_Click(object sender, RoutedEventArgs e)
        {
```

```
                    this.Close();
            }
        }
    }
```

下面来看看登录程序的运行效果。

（1）账号信息不正确提示，如图 3-7 所示。

图 3-7　账号信息不正确提示

（2）连续登录错误 3 次提示，如图 3-8 所示。

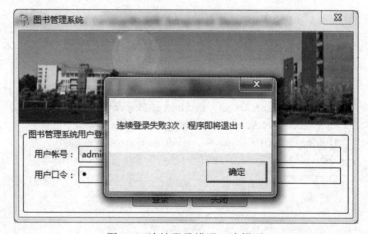

图 3-8　连续登录错误 3 次提示

【任务小结】

1. 本任务主要介绍了 WPF 路由事件的相关基础知识。通过学习能够规划设计应用程序中需要响应处理的事件。

2. 本任务还介绍了数据库三层架构思想。尽管案例为了简洁使用了静态类，但是方法很重要。

任务 3.2　完成注册窗体事件处理

【任务描述】

应用所学的路由事件、键盘输入事件和鼠标输入事件知识，设计和完成用户注册窗体的事件处理和后台代码编写。因为用户注册是赋予管理员的权限，在窗体的加载事件中可以对用户身份进行检查，非法用户则自动关闭窗体。对合法用户在注册时利用焦点事件实现对用户填写信息的完整性和合理性验证，在注册中应首先检索用户填写的注册账户是否已经存在；对于已经存在的账号信息，则进行提示用户更换注册账号信息；只有全新的账号才能注册。

【知识准备】

3.2.1　WPF 事件简介

1. WPF 事件类型

前面已经学习了 WPF 路由事件的工作原理，现在分析以下在代码中可以处理的各类事件。尽管每个元素都提供了许多事件，但最重要的事件通常包括如下 5 类：

- 生命周期事件：在元素被初始化、加载或卸载时发生这些事件。
- 鼠标事件：在鼠标进行使用时的动作引发这些事件。
- 键盘事件：伴随键盘上的键被按而引发的事件。
- 手写笔：主要针对在触控环境下使用手写笔引发的事件。
- 多点触控事件：一个或多个屏幕触控引发的事件。

其中的后 4 个都是输入事件。

2. 生命周期事件

WPF 元素从被创建直到被释放的整个生命周期中，会有很多阶段性的状态，由这些状态触发的事件统称为生命周期事件，通常可以利用这些事件进行初始化或者事务善后工作。所有元素的生命周期事件如表 3-1 所示。

表 3-1　所有元素的生命周期事件

名称	说明
Initialized	当元素被实例化（创建），并已经根据 XAML 标记设置了元素的属性后发生。此时，窗口的其他部分可能还没有初始化。元素本身也尚未应用样式和数据绑定，其 IsInitialized 属性为 True。该事件完全具体化，不是路由事件
Loaded	当整个窗口已经初始化并应用样式和数据绑定时发生。这是元素被呈现之前的最后一站，这时其 IsLoaded 属性为 True
Unloaded	当元素被释放后发生，一般是包含元素的窗体被关闭了

对具体的 WPF 元素而言，其生命历程经历的阶段不尽相同，因此元素的生命周期事件也有差异。

3. 输入事件

当使用外设和计算机交互时引发，典型情况是鼠标、键盘、手写笔和触屏对计算机输入时触发。这类事件都可以通过继承自 InputEventArgs 的自定义事件参数类传递额外的信息。不同的输入设备其输入事件的参数类派生后也不一样，但是它们都有共性，都能够获取该设备的一些状态数据，如键盘事件中的按键值、按键状态等。

灵活应用输入参数类对象的各状态值是输入事件编程的重点内容。

3.2.2 键盘输入事件

1. 键盘输入

当用户按下键盘上的一个或一组键时就会发生，常见的键盘输入事件如表 3-2 所示。

表 3-2 常见的键盘输入事件

名称	路由类型	说明
PreviewKeyDown	隧道	当按下一个键时发生
KeyDown	冒泡	当按下一个键时发生
PreviewTextInput	隧道	当按键完成并且元素正在接收文本输入时发生。对于那些不会产生文本输入的功能键，不会引发该事件
PreviewKeyUp	隧道	当按键后松开时触发
KeyUp	冒泡	当按键后松开时触发

个别控件还有专门的键盘输入事件，比如文本框还拥有 TextChange 事件，一旦按键、数据绑定或赋值语句导致文本框中的文本内容发生改变就会立即触发。

在键盘事件的参数中有两个重要的子属性，如表 3-3 所示。

表 3-3 键盘事件参数

参数属性	说明
e.Key	按下的普通字符或数字键，它的值是一个枚举类型，可以用来判断或者处理一般按键
e. KeyboardDevice	键盘上所有键的集合，通常用于处理功能键

例如 WPF 窗体中：

```
<Grid>
    <Grid.RowDefinitions>
        <RowDefinition Height="35"/>
        <RowDefinition Height="67*"/>
        <RowDefinition Height="70"/>
    </Grid.RowDefinitions>
    <WrapPanel Grid.Row="0">
        <TextBlock Text="在这里按键： " Margin="5"/>
        <TextBox x:Name="txtInput" Margin="5" Width="150"   PreviewKeyDown="KeyEvent"
                KeyDown="KeyEvent" TextChanged="TxtChange"/>
    </WrapPanel>
    <DockPanel Grid.Row="1">
        <ListBox x:Name="lstOutput"/>
    </DockPanel>
    <StackPanel Grid.Row="2">
```

```
        <CheckBox x:Name="ckState"   Height="25" HorizontalAlignment="Left" Margin="5">
            <TextBlock Text="忽略重复的按键"/>
        </CheckBox>
        <Button Content="清空" x:Name="btClear" HorizontalAlignment="Right" Margin="5"/>
    </StackPanel>
</Grid>
```

窗体布局如图 3-9 所示。

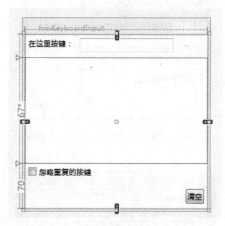

图 3-9　键盘事件验证窗体设计图

对文本框 txtInput 编写 4 个事件，其中按键的隧道和冒泡路由事件调用相同的处理代码。事件代码如下：

```
private void KeyEvent(object sender, KeyEventArgs e)
{
    string msg = "事件： " + e.RoutedEvent.ToString() + ",Key:" + e.Key.ToString();
lstOutput.Items.Add(msg);
if (e.Key == Key.A && e.KeyboardDevice.IsKeyDown(Key.LeftCtrl))
{
        MessageBox.Show("Ctrl+A 组合键被按下！ ");
}
}
private void TxtChange(object sender, TextChangedEventArgs e)
{
    string msg = "事件： " + e.RoutedEvent.ToString() + ",Key:" + txtInput.Text;
    lstOutput.Items.Add(msg);
}
```

当只有 KeyEvent 的两个路由事件时，按键后事件响应结果如图 3-10 所示。

可以看出，对于普通的键，隧道和冒泡都能响应，并且隧道先响应；而对于功能键来说，隧道路由事件才能捕获。实际应用中推荐对于普通键的响应采用冒泡路由事件，需要功能键的场合才使用隧道路由事件。

增加 TextChanged 事件后，按键事件响应结果如图 3-11 所示。

2. 焦点

在 Windows 世界中，用户每次只能用一个控件。当前接收用户按键的控件是具有焦点的控件，通常获得焦点的控件的外观和其他控件略有差别。在 WPF 中，有两个与焦点有关的主要概念：键盘焦点和逻辑焦点。键盘焦点指接收键盘输入的元素，而逻辑焦点指焦点范围中具有焦点的元素。

图 3-10   键盘输入验证程序运行效果

图 3-11   增加文本框 TextChanged 事件后的运行效果

参与焦点管理的主要类有 Keyboard 类、FocusManager 类以及基元素类（如 UIElement 和 ContentElement）。

Keyboard 类主要与键盘焦点相关，而 FocusManager 则与逻辑焦点相关，但这种区别不是绝对的。具有键盘焦点的元素也将具有逻辑焦点，但具有逻辑焦点的元素不一定具有键盘焦点。当你使用 Keyboard 类来设置具有键盘焦点的元素时，这一点是很明显的，因为它还在元素上设置逻辑焦点。

键盘焦点指当前正在接收键盘输入的元素。在整个窗体中只能有一个具有键盘焦点的元素。在 WPF 中，具有键盘焦点的元素会将 IsKeyboardFocused 设置为 True。Keyboard 类的静态属性 FocusedElement 获取当前具有键盘焦点的元素。

为了使元素能够获取键盘焦点，基元素的 Focusable 和 IsVisible 属性必须设置为 True。有些类（如 Panel 基类）默认情况下将 Focusable 设置为 False，因此如果您希望此类元素能够获取键盘焦点，则必须将 Focusable 设置为 True。

可以通过用户与 UI 交互（例如，按 Tab 键定位到某个元素或者在某些元素上单击鼠标）来获取键盘焦点，还可以通过使用 Keyboard 类的 Focus 方法以编程方式获取键盘焦点。Focus

方法尝试将键盘焦点给予指定的元素。返回的元素是具有键盘焦点的元素，如果有旧的或新的焦点对象阻止请求，则具有键盘焦点的元素可能不是所请求的元素。

在同一个窗体上多个控件还具有 TabIndex 属性，属性最小的控件默认初始获得焦点。我们可以使用 Tab 键在这些可以获得焦点的控件上来回切换，切换按 TabIndex 升序顺序切换，循环进行；Shift+Tab 则是反序进行。

常见的焦点事件及其功能如表 3-4 所示。

表 3-4　焦点事件

名称	路由类型	说明
PreviewGotFocus（PreviewGotKeyboardFocus）	隧道	控件获得焦点（键盘焦点）后触发
GotFocus（GotKeyboardFocus）	冒泡	控件获得焦点（键盘焦点）后触发
PreviewLostFocus（PreviewLostKeyboardFocus）	隧道	控件失去焦点（键盘焦点）后触发
LostFocus（LostKeyboardFocus）	冒泡	控件失去焦点（键盘焦点）后触发

修改前面的案例，在 Window 对象上处理焦点路由事件。事件处理代码如下：

```
private void GotFocusEvent(object sender, RoutedEventArgs e)
{
    FrameworkElement feSource = e.Source as FrameworkElement;
    string msg = "事件: " + e.RoutedEvent.ToString() + ",目标: "+feSource.Name ;
    lstOutput.Items.Add(msg);
}

private void LostFocusEvent(object sender, KeyboardFocusChangedEventArgs e)
{
    FrameworkElement feSource = e.Source as FrameworkElement;
    string msg = "事件: " + e.RoutedEvent.ToString() + ",目标: " + feSource.Name;
    lstOutput.Items.Add(msg);
}
```

运行后，按 Tab 键跳转的事件响应结果如图 3-12 所示。

图 3-12　增加焦点处理事件后的运行效果

3.2.3　鼠标输入

鼠标事件是 WPF 最重要的事件之一。当鼠标移入或移出某个元素，或者对某个元素按键等行为都会触发鼠标事件,其中移入和移出事件都是直接事件。

1. 鼠标单击事件

鼠标单击事件类似于按键事件,相对的区别则是鼠标的键有左右之分,而键盘上的键只有少数有左右之分(如 Shift 键);同时鼠标还有一个滚轮,可以有滚动事件。常见的鼠标事件及功能如表 3-5 所示。

表 3-5   鼠标单击事件

名称	路由类型	说明
MouseLeftButtonDown MouseRightButtonDown	冒泡类型(有隧道类型)	鼠标按下左键(右键)时触发
MouseLeftButtonUp MouseRightButtonUp	冒泡类型(有隧道类型)	鼠标左键(右键)释放时触发
MouseWheel	冒泡类型(有隧道类型)	鼠标滚轮滚动时触发
Click	冒泡类型(有隧道类型)	鼠标左键按下又释放时触发

部分鼠标事件都提供了 MouseButtonEventArgs 对象,它继承自 MouseEventArgs。这意味着可以通过该对象获得鼠标的坐标和按键状态信息,以及通过 ClickCount 属性判断是单击还是双击。

鼠标事件参数中按键属性有 5 个:LeftButton、MiddleButton、RightButton、XButton1、XButton2,分别对应鼠标的左中右 3 个按键以及两个自定义特殊按键。它们的值是 MouseButtonState 枚举类型,只有两种状态:Pressed 和 Released。

ClickCount 的用途之一是确定是否发生了鼠标双击。一些类可公开双击事件,例如 Control 类上的 MouseDoubleClick 事件。如果类中未公开双击事件,则可以通过对事件数据使用 ClickCount 属性来检测双击。

新建鼠标事件窗口,界面和布局采用键盘事件案例效果,对"清空"按钮增加单击事件。程序代码如下:

```
private void Clear_Click(object sender, RoutedEventArgs e)
{
    lstOutput.Items.Clear();
}
```

单击后就可以将列表中的内容清空。

2. 鼠标滑动事件

鼠标滑动事件是指鼠标经过 WPF 元素时触发的事件,这种情况下只有鼠标指针的移动,没有鼠标的按键行为。鼠标滑动事件包括 3 个事件,如表 3-6 所示。

表 3-6   鼠标滑动事件

事件名	说明
MouseMove	鼠标滑动事件
MouseEnter	鼠标指针进入控件范围事件
MouseLeave	鼠标指针离开控件范围事件

鼠标滑动事件常用于对用户界面上元素的醒目显示作用,实现类似网页上鼠标指针移动

效果。参考键盘事件处理程序，制作一个界面类似的窗体 frmMouse，增加鼠标坐标显示和控件进出光标处理程序，代码如下：

```
private void DoLight(object sender, MouseEventArgs e)
{
    FrameworkElement feSource = e.Source as FrameworkElement;
    feSource.Cursor = Cursors.Wait;
}
private void DoRestore(object sender, MouseEventArgs e)
{
    FrameworkElement feSource = e.Source as FrameworkElement;
    feSource.Cursor = Cursors.Arrow;
}
private void MouseMoveEvent(object sender, MouseEventArgs e)
{
    Point pt = e.GetPosition(this);
    string msg = "坐标(" + pt.X.ToString() + "," + pt.Y.ToString() + ")";
    txtInput.Text = msg;
}
```

运行效果如图 3-13 所示。

图 3-13　鼠标事件案例运行效果

当鼠标在列表控件中移动时，文本框显示其坐标，同时鼠标的指针变成等待状态；当鼠标移动出列表控件后，鼠标指针恢复正常。

WPF 中每个光标通过一个 System.Windows.Input.Cursor 表示，获取 Cursor 对象的最简单方法是使用 Cursors 类（位于 System.Windows.Input 命名空间）的静态属性。例如：

```
this.Cursor=Cursors.wait;
```

或

```
<Button Cursor="wait">help</Button>
```

通常鼠标移动到控件时会显示控件自己的光标。但是有一个例外，通过使用 ForceCursor 属性，父元素会覆盖子元素的光标位置，当把该属性设置为 True 时，会忽略子元素的 Cursor 属性，并且父元素的光标会被应用到内部的所有内容。

为了移除应用程序范围的光标覆盖设置，需要将 Mouse.OverrideCursor 属性设置为 null。

WPF 支持自定义光标，可以使用普通的.cur 光标文件（本质上是一幅小位图），也可以使用.ani 动画光标文件，为了使用自定义的光标，需要为 Cursor 对象的构造函数传递光标文件的文件名或包含光标数据的流。

```
Cursor cur=new Cursor(Path.Combine(ApplicationDir,"1.ani"));
this.Cursor=cur;
```

3. 鼠标拖放

鼠标拖放通过以下 3 个步骤进行：

（1）用户单击元素并保持鼠标按键状态，拖放操作开始。

（2）用户将鼠标移到其他元素上，此时鼠标指针会变形。

（3）当鼠标释放时，元素接收到信息并根据事件处理代码决定下一步如何操作。

通常拖放包括了两个对象，即源和目标。为了创建拖放源，需要在拖放开始的某个事件（如鼠标左键按键事件）中调用 DragDrop.DoDragDrop()方法来初始化拖放操作，确定拖放操作的源。但是对于拖放源明确的控件，该操作可以跳过。例如对文本框中的文本选中后拖放。

DragDrop.DoDragDrop()函数接受 3 个参数：dragSource、data 和 allowedEffects。特别需要注意的是 dragSource 参数，该参数标示了拖拽操作的消息源，也决定了所有的消息源事件由谁发出。参数 data 则用来包装 DragDrop 所操作的数据。一般情况下，它都是一个 DataObject 类型的实例，该实例内部应包装拖拽所实际操作的数据。参数 allowedEffects 可以用来指定拖拽操作的效果，它的值可以是一个 DragDropEffects 枚举类型的值，也可以是多个枚举值的组合。可以使用 DragDropEffects 来为拖放操作显示不同的鼠标指针。例如，可以为 Copy 拖放操作显示加号指针，为 Move 拖放操作显示箭头符号，或为 None 拖放操作显示其中贯穿有一条线的红色圆圈符号。效果如图 3-14 所示。

Copy   Move   None

图 3-14   拖放时不同的拖放效果图标

除了上述 3 种拖放效果外，DragDropEffects 还有很多枚举值，具体值及功能如表 3-7 所示。

表 3-7   DragDropEffects 枚举值

DragDropEffects 枚举类型值	说明
All	该数据从拖动源在放置目标中复制，移除数据，并将其滚动到放置目标中
Copy	将数据复制到放置目标中
Link	从拖动源的数据链接到放置目标
Move	从拖动源的数据移动到放置目标
Scroll	即将在放置目标中开始滚动

在 DragDrop.DoDragDrop()函数中 DragDropEffects 参数设定值除了 None 会导致不能拖放外，其他几个参数并不立即产生效果，比如 Move，并不会删除源的值，而仅仅产生鼠标指针效果。该参数的值在 OnDrop 事件中设置则直接产生对应动作效果，例如 Copy 只是复制，操作完源数据还在；而 Move 则是移动，拖放完成后源数据被移动走。

对于拖放目标需要将其 AllowDrop 设置为 True（能接收拖放），并通过 Drop 事件来处理拖放结果。WPF 中常用的 Drop 事件有 3 个（还有其响应的 Preview 事件），如表 3-8 所示。

表 3-8 Drop 事件及其说明

事件名	说明
DragEnter	当用户在拖放操作过程中首次将鼠标光标拖到控件上时，会引发 DragEnter 事件
DragOver	在拖放操作过程中，当鼠标光标在控件的边界内移动时，会引发 DragOver 事件
DragLeave	当用户将光标拖出控件或取消当前的拖放操作时，会引发 DragLeave 事件

这些事件的意义十分清晰，从名字中就能看出这些事件发生的时机。在这些事件中需要注意的则是传入的 DragEventArgs。通过设置它的 Effects 成员，软件开发人员可以控制鼠标的状态，以提示用户当前拖拽动作的光标反馈。同时通过它的 Data 属性，软件开发人员可以获得 DoDragDrop()函数调用时所传入的数据。

例如结合前面的案例，增加文本框文本的拖放功能。

主要 XAML：

```
<WrapPanel Grid.Row="0">
    <TextBlock Text="在这里按键：" Margin="5" MouseDown="BeginDrag"/>
    <TextBox x:Name="txtInput" Margin="5" Width="150" />
</WrapPanel>
<DockPanel Grid.Row="1">
    <ListBox x:Name="lstOutput" AllowDrop="True" Drop="DoDragEnter"/>
</DockPanel>
```

其事件代码如下：

```
private void BeginDrag(object sender, MouseButtonEventArgs e)
{
    TextBlock txt=(TextBlock)sender;
    DragDrop.DoDragDrop(txt, txt.Text, DragDropEffects.Copy);
}
private void DoDragEnter(object sender, DragEventArgs e)
{
    string msg = "拖入：" + e.Data.GetData(DataFormats.Text);
    e.Effects = DragDropEffects.Move;
    lstOutput.Items.Clear();
    lstOutput.Items.Add(msg);
}
```

运行效果如图 3-15 所示。

该案例中拖放文本块到列表中是 Copy 效果，而把文本框内容拖入列表中则是 Move 效果。

【任务分析】

完成前面的知识准备，现在来对设计和完成用户注册窗体事件处理任务进行分析。

在前面的任务中已经完成了数据库访问层和用户表的业务逻辑层，因此实现注册就只需要实现 UI 层事件处理，其业务逻辑直接使用前面的业务逻辑层 UserInfo 类。

图 3-15   拖放时光标的 Copy 效果

　　对于注册窗体，其基本逻辑就是只有具有用户管理权限的人才能打开操作，如果权限不正确要立即关闭。对于用户注册中常见的用户已经存在和两次口令不匹配情况，可以通过控件的失去焦点事件进行检查，对错误进行及时提示（提示信息也可以用红色文字提醒）。

【任务实施】

　　（1）增加窗体 Loaded 事件，验证用户是否具备操作权限。

　　（2）增加"注册"按钮和"关闭"按钮的直接路由事件，调用业务逻辑类的方法完成事件处理。

　　注册窗口代码如下：

```
namespace BookMis
{
    /// <summary>
    /// frmRegister.xaml 的交互逻辑
    /// </summary>
    public partial class frmRegister : Window
    {
        public frmRegister()
        {
            InitializeComponent();
        }

        private void CheckRight(object sender, RoutedEventArgs e)    //窗体 Loaded 事件处理程序
        {
            if (UserInfo.IsUserAdmin != true)
            {
                this.Close();
            }
        }
        private void Reg_Click(object sender, RoutedEventArgs e)    //注册按钮单击事件处理程序
        {
            string uid = txtUID.Text.Trim();
            string pwd1 = txtPWD.Password;
            string pwd2 = txtRePWD.Password;
```

```
        string usera, readera, booka, borrowa;

        if (uid.Length == 0 || pwd1.Length == 0)
        {
            MessageBox.Show("用户名和口令都不能为空，请检查！");
            txtUID.Focus();
            return;
        }
        if (pwd1.CompareTo(pwd2) != 0)
        {
            MessageBox.Show("两次口令不相同，请检查！");
            txtPWD.Focus();
            return;
        }
        usera = chkRightA.IsChecked.ToString();
        readera = chkRightB.IsChecked.ToString();
        booka = chkRightC.IsChecked.ToString();
        borrowa = chkRightD.IsChecked.ToString();

        if (UserInfo.newUser(uid, pwd1, usera, readera, booka, borrowa, DateTime.Now.ToString()) == true)
        {
            MessageBox.Show("用户注册成功，请记住账号和密码！");
            return;
        }
        MessageBox.Show("该用户已经被注册，请检查！");
        txtUID.Focus();

    }

private void Exit_Click(object sender, RoutedEventArgs e)      // "关闭" 按钮事件处理程序
{
    this.Close();
}

private void CheckPassword(object sender, RoutedEventArgs e)    //口令文本框焦点事件处理程序
{
    string pwd1 = txtPWD.Password;
    string pwd2 = txtRePWD.Password;
    if (pwd1.CompareTo(pwd2) != 0)
    {
        MessageBox.Show("两次口令不相同，请检查！");
        txtPWD.Focus();
        return;
    }
}

private void CheckUser(object sender, RoutedEventArgs e)    //用户账号焦点事件处理程序
{
```

```
                  string uid = ((TextBox)sender).Text.Trim();
                  if (UserInfo.isExistUser(uid) == true)
                  {
                       MessageBox.Show("该用户已经被注册，请检查！");
                       return;
                  }
            }
        }
    }
</Window>
```

【任务小结】

1．本任务主要介绍了 WPF 下的生命周期事件和输入事件。输入事件，特别是鼠标输入事件是程序事件处理中最基础、最常用的事件。

2．本任务介绍了用焦点事件验证用户信息。合理巧妙的设计可以增强功能，提升程序的健壮性和操作的便利性。

WPF 路由事件是针对传统 CLR 事件的不足进行的重大改进举措，本项目通过两个任务对路由事件进行了分门别类的详细阐述。

（1）任务 3.1 对路由事件定义、路由事件的类型和路由事件的特点，以及如何应用路由事件进行了系统阐述。学习者学习后应该能对具体应用中该选用何种路由事件以及在哪一节进行路由事件处理有一个清晰的认识。

（2）任务 3.2 侧重介绍路由事件中最重要的生命周期事件、键盘输入事件和鼠标输入事件，特别是鼠标输入事件是应用最广泛的。学习者应该能灵活地选用合适的事件处理方式和编写恰当的事件处理程序，在保证正常功能的情况下，提高程序的健壮性和友好性。

1．设计并制作 WPF 版的打字练习软件。
（1）恰当地应用键盘输入事件。
（2）实现打字软件的功能。
2．设计并制作 WPF 版的 Windows 计算器。
（1）恰当地应用鼠标路由事件。
（2）实现计算器软件的功能。
3．完成主界面的窗体 Loaded 事件、菜单项单击事件和工具栏按钮单击事件及其事件处理程序。
（1）实现依据登录用户权限对不具备访问权限的菜单项和工具栏进行禁用。
（2）实现各个菜单项的相应功能。
（3）实现工具栏各按钮的相应功能。

项目四 WPF 命令——窗体清除功能的实现

 **项目描述**

在设计图书管理系统时，划分的各个功能模块中都有"清除记录"、"清除"、"重置"等操作，具体功能就是将相应窗体上的文本框位置上的数据清除。这时要有两种情况需要考虑：当各文本框中没有数据时，"清除"等按钮不可用；当输入了数据之后，"清除"等按钮才可以使用。本项目将使用 WPF 中的命令来设计并实现"清除"的功能。

 **学习目标**

1. 了解 WPF 的命令系统。
2. 熟悉 WPF 的命令库。
3. 掌握使用命令的过程。

 **能力目标**

1. 会使用简单的标准命令。
2. 会使用命令库。
3. 会自定义命令。

任务 4.1 创建使用简单命令的程序

【任务描述】

定义一系列菜单，执行对窗体中文本框的复制、剪切、粘贴操作，如图 4-1 所示。

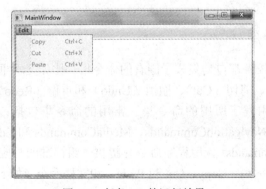

图 4-1 任务 4.1 的运行效果

【知识准备】

在 WPF 应用程序中，可以把功能划分成很多任务，这些任务可以通过不同的动作和用户界面元素触发，包括主菜单、上下文菜单、键盘快捷键和工作栏。在这之前，我们学习了路由事件的相关内容，包括使用路由事件可以响应鼠标和键盘动作等知识，可以通过路由事件的方式来完成以上功能。但是，在 WPF 中也可以定义这些任务为命令，并将控件连接到命令，从而不需要重复地编写事件处理代码。更重要的是，当连接的命令不可用时，命令特性通过自动禁用控件来管理用户界面的状态。

4.1.1　命令是什么

在我们的应用程序操作中，经常要处理各种各样的命令和进行相关的事件处理。比如需要复制、粘贴文本框中的内容；当播放视频和多媒体时，可能要调节音量、快速拖动到想看的片段等。在 WinForm 编程中，我们经常使用各种各样的控件来解决此类问题，同时也必须编写一堆代码来处理各种各样的命令和事件处理。那么，WPF 是如何处理这些命令及事件的呢？答案是使用 WPF 的命令。

WPF 中命令的核心是 System.Windows.Input.ICommand 接口，所有命令对象都实现了此接口。ICommand 接口非常简单，只包含两个方法和一个事件。

```
public interface ICommand
{
    void Execute(object parameter);
    bool CanExecute(object parameter);
    event EventHandler CanExecuteChanged;
}
```

- Execute 方法：当命令被执行时，所调用的方法或者说命令作用于目标之上。
- CanExecute 方法：在执行之前来判断命令是否可被执行。
- CanExecuteChanged 事件：当命令执行状态（即 CanExecute()的返回状态）发生改变时，可激发此事件来通知其他对象。

当创建自己的命令时，不能直接实现 ICommand 接口，而是要使用 System.Windows.Input.RoutedCommand 类，该类已经实现了 ICommand 接口，RoutedCommand 在实现 ICommand 接口时，并未向其中添加任何逻辑，所有 WPF 命令都是 RouteCommand 类的实例。RoutedCommand 类是 WPF 中唯一实现了 ICommand 接口的类，即所有 WPF 命令都是 RoutedCommand 类及其派生类的实例。

4.1.2　WPF 的命令库

在 WPF 中，许多控件都自动集成了固有的命令集。比如文本框 TextBox 就提供了复制（Copy）、粘贴（Paste）、剪切（Cut）、撤消（Undo）和重做（Redo）命令等。

WPF 提供常用应用程序所用的命令集，常用的命令集包括：ApplicationCommands、ComponentCommands、NavigationCommands、MediaCommands 和 EditingCommands。

- ApplicationCommands（应用程序命令）：提供一组标准的与应用程序相关的通用命令，包括剪贴板命令（如 Copy、Cut 和 Paste）和文档命令（如 New、Open、Save、Close 等），具体信息如表 4-1 所示。

表 4-1　ApplicationCommands 的常用命令

名称	说明
CancelPrint	获取表示"取消打印"命令的值
Close	获取表示"关闭"命令的值
ContextMenu	获取表示"上下文菜单"命令的值
Copy	获取表示"复制"命令的值
Cut	获取表示"剪切"命令的值
Delete	获取表示"删除"命令的值
Find	获取表示"查找"命令的值
Help	获取表示"帮助"命令的值
New	获取表示"新建"命令的值
Open	获取表示"打开"命令的值
Paste	获取表示"粘贴"命令的值
Print	获取表示"打印"命令的值
PrintPreview	获取表示"打印预览"命令的值
Properties	获取表示"属性"命令的值
Redo	获取表示"重复"命令的值
Replace	获取表示"替换"命令的值
Save	获取表示"保存"命令的值
SaveAs	获取表示"另存为"命令的值
SelectAll	获取表示"全选"命令的值
Stop	获取表示"停止"命令的值
Undo	获取表示"撤消"命令的值

- ComponentCommands（组件命令）：提供一组标准的由用户界面组件使用的命令，包括用于移动和选择内容的命令，这些命令和 EditingCommands 类中的一些命令相似（甚至完全相同）。这些命令具有预定义的按键输入笔势和 RoutedUICommand.Text 属性，包含 MoveLeft、MoveRight、MoveUp 等，具体信息如表 4-2 所示。

表 4-2　ComponentCommands 的常用命令

名称	说明
ExtendSelectionDown	获取表示"向下扩展选择"命令的值（Shift+Down，Extend Selection Down)
ExtendSelectionLeft	获取表示"向左扩展选择"命令的值
ExtendSelectionRight	获取表示"向右扩展选择"命令的值
ExtendSelectionUp	获取表示"向上扩展选择"命令的值
MoveDown	获取表示"下移"命令的值
MoveFocusBack	获取表示"向后移动焦点"命令的值
MoveFocusDown	获取表示"向下移动焦点"命令的值
MoveFocusForward	获取表示"向前移动焦点"命令的值

续表

名称	说明
MoveFocusPageDown	获取表示"将焦点下移一页"命令的值
MoveFocusPageUp	获取表示"将焦点上移一页"命令的值
MoveFocusUp	获取表示"向上移动焦点"命令的值
MoveLeft	获取表示"左移"命令的值
MoveRight	获取表示"右移"命令的值
MoveToEnd	获取表示"移至结尾"命令的值
MoveToHome	获取表示"移至开头"命令的值
MoveToPageDown	获取表示"移到下一页"命令的值
MoveToPageUp	获取表示"移到上一页"命令的值
MoveUp	获取表示"上移"命令的值
ScrollByLine	获取表示"按行滚动"命令的值
ScrollPageDown	获取表示"向下滚动一页"命令的值
ScrollPageLeft	获取表示"向左滚动一页"命令的值
ScrollPageRight	获取表示"向右滚动一页"命令的值
ScrollPageUp	获取表示"向上滚动一页"命令的值
SelectToEnd	获取表示"选择到末尾"命令的值
SelectToHome	获取表示"选择到开头"命令的值
SelectToPageDown	获取表示"向下选择一页"命令的值
SelectToPageUp	获取表示"向上选择一页"命令的值

- NavigationCommands（导航命令）：提供一组标准的与导航相关的命令，包括 BrowseHome、BrowseStop、BrowseStop 等，具体信息略。
- MediaCommands（多媒体控制命令）：提供一组标准的与媒体相关的命令，包括 Play、Pause、Stop 等，具体信息略。
- EditingCommands（编辑/排版类命令）：提供一组标准的与编辑相关的命令，包括 AlignCenter、Backspace、Delete 等，具体信息略。

命令库中的命令总是可用的。触发它们的最简单方法是将它们关联到一个实现了 ICommandSource 接口的控件，其中包括继承自 ButtonBase 类的控件（Button 和 CheckBox 等）、单独的 ListBoxItem 对象、Hyperlink 和 MenuItem。

ICommandSource 接口定义了 3 个属性，如表 4-3 所示。

表 4-3　ICommandSource 的 3 个属性

名称	说明
Command	指向连接的命令，这是唯一必需的细节
CommandParameter	提供其他希望跟随命令发送的数据
CommandTarget	确定将要在其中执行命令的元素

例如，下面的按钮使用 Command 属性连接到 ApplicationCommands.New 命令：

```
<Button    Command="ApplicationCommands.New">New</Button>
```

WPF 的智能程度足够高，它能查找前面介绍的所有 5 个命令容器类，这意味着可以使用下面的缩写形式：

```
<Button    Command="New">New</Button>
```

然而，由于没有指明包含命令的类，因此这种语法不够明确、不够清晰。

4.1.3　命令绑定

当将命令关联到命令源时，就会看到命令源将会被自动禁用。

例如，如果创建上一节中提到的 New 按钮，该按钮的颜色会变浅并且不能单击，就像将 IsEnabled 属性设置为 False 那样，如图 4-2 所示。这是因为按钮已经查询了命令的状态，而且由于命令还没有与之关联的绑定，所以它被认为是禁用的。

图 4-2　使用命令的按钮运行时的状态

为了改变这种状态，需要为命令创建绑定，以明确以下 3 件事情：

● 当命令被触发时进行什么操作。

● 如何确定命令是否能够被执行（这是可选的。只要提供了关联的事件处理程序，命令就总是可以）。

● 命令在何处起作用。例如，命令可以被限制在单个按钮中使用，也可以在整个窗口中使用。

下面的代码片段为 New 命令创建绑定，可将这些代码添加进窗口的构造函数中。

```
CommandBinding bind = new CommandBinding(ApplicationCommands.New);
bind.Executed += NewComand_Executed;
this.CommandBindings.Add(bind);
```

上面创建的 CommandBinding 对象被添加到包含窗口的 CommandBindings 集合中。它通过事件冒泡进行工作。实际上，当按钮被单击时，CommandBinding.Executed 事件从按钮冒泡到包含元素。

尽管习惯上为窗口添加所有绑定，但 CommandBindings 属性实际上是在 UIElement 基类中定义的。这意味着任何元素都支持该属性。只是为了得到最大的灵活性，命令绑定通常被添加到顶级窗口。

上面的代码包含了一个命名为 NewComand_Executed 的事件处理程序，该处理程序中包含一些显示命令源的简单代码：

```
private void NewComand_Executed(object sender, ExecutedRoutedEventArgs e )
{
    MessageBox.Show("命令源为："+e.Source.ToString() );
}
```

现在，如果运行应用程序，按钮是启用的。如果单击按钮，就会触发 Executed 事件，该

事件冒泡至窗口，并被上面给出的 NewComand()事件处理程序处理。这时，WPF 会告知事件
源（按钮）。运行效果如图 4-3 所示。

图 4-3   使用命令绑定关联后的按钮及单击效果

【任务分析】

完成前面的知识准备，我们现在来对菜单结合系统命令任务进行分析。

按图 4-1 所示完成本次任务的外观设计。要实现剪切、复制、粘贴等功能，结合命令系统
知识，我们可以在程序前台 XAML 中写入元素的 Command 属性，并赋值 ApplicationCommands
命令系统的命令值。

【任务实施】

（1）新建 WPF 项目，名称为 SimpleCommand.xaml。窗体外观设计的主要代码如下：

```xml
<Grid>
    <Grid.RowDefinitions>
        <RowDefinition Height="30"/>
        <RowDefinition Height="*"/>
    </Grid.RowDefinitions>
    <Menu>    </Menu>
    <TextBox x:Name="txt1" Grid.Row="1" AcceptsReturn="True"/>
</Grid>
```

（2）各菜单项使用命令库 ApplicationCommands 中的相应命令，主要代码如下：

```xml
<MenuItem Header="Edit">
    <MenuItem x:Name="menuCopy" Header="Copy"
            Command="ApplicationCommands.Copy" />
    <MenuItem x:Name="menuCut" Header="Cut"
            Command="ApplicationCommands.Cut" />
    <MenuItem x:Name="menuPaste" Header="Paste"
            Command="ApplicationCommands.Paste" />
</MenuItem>
```

（3）单击工具栏中的"启动"按钮（或者按快捷键 F5），即可看到效果，如图 4-4 所示。

此时看到 Copy、Cut 菜单项是灰色的，被自动禁用了，而 Paste 菜单项可以使用，是因为
之前做过复制或剪切的操作。如果运行程序前未做过复制或剪切的操作，运行效果图则如图
4-1 所示。当在 TextBox 中输入内容或单击 Paste 输出内容到 TextBox 中，Copy 和 Cut 就可以
起作用了，如图 4-5 所示。

此任务还有一个细节，Cut、Copy 和 Paste 命令被具有焦点的文本框处理。这一过程之所
以能够无缝地工作，是因为 Menu 类（或 ToolBar 控件）提供了一些内置逻辑，可以将它的子

元素的 CommandTarget 属性自动设置为具有焦点的控件（也就是说，Menu 控件一直在关注着其父元素，即窗口，并在上下文中查找最近具有焦点的控件，即文本框）。

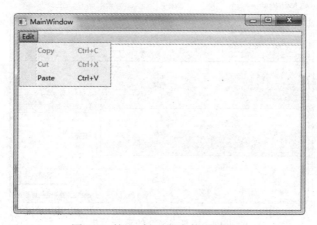

图 4-4　按 F5 键后程序的运行效果

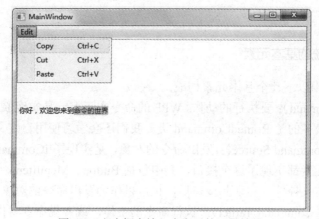

图 4-5　文本框中输入内容后的运行效果

如果在其他的容器（不是 ToolBar 或 Menu 控件）中放置按钮，就不会得到这一优点。这意味着按钮不能工作，除非手动设置 CommandTarget 属性。

【任务小结】

1. 本任务介绍了 WPF 的命令概念及其命令库。

2. 本任务演示了最简单的命令的使用过程。

3. 如果程序中需要诸如 Open、Save、Play、Stop 等标准命令时，没必要自己声明，直接拿命令库来用即可。

任务 4.2　创建使用复杂命令的程序

【任务描述】

设计一个如图 4-6 所示的 WPF 应用程序，外观有 4 个命令按钮。定义 4 个按钮命令关联后，单击按钮弹出相应的对话框。使用命令关联绑定实现。

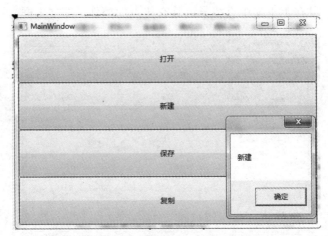

图 4-6   任务 4.2 的运行效果

【知识准备】

4.2.1   命令系统的基本元素

WPF 命令系统由以下几个基本元素构成：

● 命令（Command）：要执行的动作。WPF 的命令实际上就是实现 ICommand 接口的类，平时使用最多的是 RoutedCommand 类。我们还会学习使用自定义命令。

● 命令源（Command Source）：发出命令的对象，是实现了 ICommandSource 接口的类。很多界面元素都实现了这个接口，其中包括 Button、MenuItem、ListBoxItem 等。我们可以自定义控件，实现此接口后，也可以作为发出命令的对象。

● 命令目标（Command Target）：执行命令的主体，或者说命令将作用在谁身上。命令目标必须是实现了 IInputElement 接口的类。

● 命令关联（Command Binding）：映射命令逻辑的对象，负责把一些外围逻辑与命令关联起来，比如执行之前对命令是否可以执行进行判断、命令执行之后还有哪些后续工作等。

4.2.2   命令系统的基本元素之间的关系

这些元素之间的关系体现在使用命令的过程中。命令的使用大概分为如下几步：

（1）创建命令类：即获得一个实现 ICommand 接口的类，如果命令与具体业务逻辑无关则使用 WPF 类库中的 RoutedCommand 类。如果想要与业务逻辑相关的专有命令，则需要创建 RoutedCommand 的派生类。

（2）声明命令实例：使用命令时需要创建命令类实例，一般情况下程序中的某类操作只需要一个命令实例与之对应即可。比如对应"保存"这个操作，你可以拿同一个实例去命令每个组件执行保存功能，因此程序中的命令多使用单片模式以减少代码的复杂程度。

（3）指定命令源：即指定由谁来发送这个命令。同一个命令可以有多个源。比如保存命令，可以由菜单中的保存项来发送，也可以由工具栏中的保存图标来发送。

（4）指定命令目标：命令目标并不是命令的属性而是命令源的属性，指定命令目标是告诉命令源向哪个组件发送命令，无论这个组件是否拥有焦点它都会收到这个命令。如果没有命令源指定命令目标，则 WPF 系统认为当前拥有焦点的对象就是命令目标。

（5）指定命令关联：WPF 命令需要 CommandBinding 在执行前来帮助判断是不是可以执行，在执行后做一些事情来"打扫战场"。

WPF 命令系统基本元素的关系如图 4-7 所示。

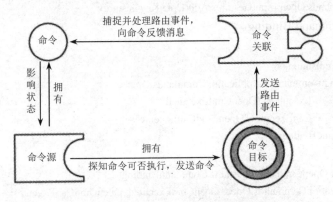

图 4-7 命令系统中各元素之间的关系

上面是使用命令的基本步骤。那么，如何通过代码来实现相应的步骤呢？这里通过两种代码实现方式（XAML 方式和 C#方式）完成上述步骤的实现。

（1）指定 Command Sources。

XAML（选择对应的 UI 元素，对其 Command 属性赋值，赋值为 ApplicationCommands.Properties。在具体示例中，可以将 ApplicationCommands.Properties 换成对应的 Application-Commands 属性值，比如 ApplicationCommands.Copy）：

```
<StackPanel>
    <StackPanel.ContextMenu>
        <ContextMenu>
            <MenuItem Command="ApplicationCommands.Properties" />
        </ContextMenu>
    </StackPanel.ContextMenu>
</StackPanel>
```

同等的 C#代码：

```
StackPanel   stkPanel = new StackPanel( );
ContextMenu stkContextMenu = new ContextMenu( );
MenuItem contMenuItem = new MenuItem( );
stkPanel.ContextMenu = stkContextMenu ;
stkPanel.ContextMenu.Items.Add(contMenuItem);
contMenuItem.Command = ApplicationCommands.Properties;
```

（2）指定命令的同时还可以指定快捷键。

XAML 代码：

```
<windows.inputBindings>
    <KeyBinding   Key="B"    Modifiers="Control"
                Command="ApplicationCommands.Open" />
```

```
</windows.inputBindings>
```

C#代码：

```
KeyGesture OpenKeyGesture = new KeyGesture( Key.B, ModifierKeys.Control);
KeyBinding OpenCmdKeybinding = new KeyBinding(
ApplicationCommands.Open,OpenKeyGesture);
this.InputBindings.Add(OpenCmdKeybinding);
```

也可以这样（下面一句与上面两句的效果等同）：

```
ApplicationCommands.Open.InputGestures.Add(OpenKeyGesture);
```

（3）实现 Command Binding。

XAML 代码：

```
<Window.CommandBindings>
<CommandBinding Command="ApplicationCommands.Open"
                Executed="OpenCmdExecuted"
                CanExecute="OpenCmdCanExecute"/>
</Window.CommandBindings>
```

C#代码：

```
CommandBinding OpenCmdBinding = new CommandBinding(
        ApplicationCommands.Open, OpenCmdExecuted, OpenCmdCanExecute);
this.CommandBindings.Add(OpenCmdBinding);
```

具体的事件处理，C#代码：

```
void OpenCmdExecuted(object target, ExecutedRoutedEventArgs e)
{
    MessageBox.Show("The command has been invoked.");
}
void OpenCmdCanExecute(object sender, CanExecuteRoutedEventArgs e)
{
    e.CanExecute = true;
}
```

（4）设置 Command Target 并进行绑定 Command Binding。

XAML 代码：

```
<StackPanel>
        <Menu>
                <MenuItem Command="ApplicationCommands.Paste"
                        CommandTarget="{Binding ElementName=mainTextBox}" />
        </Menu>
        <TextBox Name="mainTextBox"/>
</StackPanel>
```

C#代码：

```
StackPanel    stkPanel = new StackPanel();
TextBox mainTextBox= new TextBox();
Menu stkPanelMenu = new Menu();
MenuItem pasteMenuItem = new MenuItem();
stkPanelMenu.Items.Add(pasteMenuItem);
stkPanel.Children.Add(stkPanelMenu);
stkPanel.Children.Add(mainTextBox);
pasteMenuItem.Command = ApplicationCommands.Paste;
```

以上例子全是单条命令绑定的情形，事实上，也可以多个按钮多条命令绑定到同一控件上，比如：

```
<StackPanel   Orientation="Horizontal" Height="25">
    <Button Command="Cut" CommandTarget="{Binding ElementName=textBoxInput}"
        Content="{Binding RelativeSource={RelativeSource Self}, Path=Command.Text}"/>
    <Button Command="Copy" CommandTarget="{Binding ElementName=textBoxInput}"
        Content="{Binding RelativeSource={RelativeSource Self}, Path=Command.Text}"/>
    <Button Command="Paste" CommandTarget="{Binding ElementName=textBoxInput}"
        Content="{Binding RelativeSource={RelativeSource Self}, Path=Command.Text}"/>
    <Button Command="Undo" CommandTarget="{Binding ElementName=textBoxInput}"
        Content="{Binding RelativeSource={RelativeSource Self}, Path=Command.Text}"/>
    <Button Command="Redo" CommandTarget="{Binding ElementName=textBoxInput}"
        Content="{Binding RelativeSource={RelativeSource Self}, Path=Command.Text}"/>
    <TextBox x:Name="textBoxInput" Width="200"/>
</StackPanel>
```

【任务分析】

完成了前面的知识准备，我们现在来对使用复杂命令任务进行分析。

完成如图 4-6 所示的外观设计。要实现本任务中各按钮相应的功能，需要使用 WPF 中的命令及命令关联，结合命令系统的基本元素与关系来实现。

【任务实施】

（1）新建 WPF 项目，名称为 SimpleCommand.xaml。具体布局设计，代码如下：

```
<Grid>
    <Grid.RowDefinitions>
        <RowDefinition/>
        <RowDefinition/>
        <RowDefinition/>
        <RowDefinition/>
    </Grid.RowDefinitions>
    <Button Content="打开" Grid.Row="0" ></Button>
    <Button Content="新建" Grid.Row="1" ></Button>
    <Button Content="保存" Grid.Row="2" ></Button>
    <Button Content="复制" Grid.Row="3" ></Button>
</Grid>
```

（2）将命令关联到按钮，代码如下：

```
<Window.CommandBindings>
    <CommandBinding Command="ApplicationCommands.Copy"
                Executed="CommandBinding_Executed">
    </CommandBinding>
</Window.CommandBindings>
```

从上面的代码中可以看到，通过 Command 关联命令对象，当应用程序执行时，会发现按钮都是不可用的，变成了不可用状态与 IsEnable 属性设置为 False 一样。这是因为按钮还没有关联绑定，我们将关联绑定写在 Window 内。下面看一下关联绑定后的代码。

主要的 CS 代码如下：

```
private void Window_Loaded(object sender, RoutedEventArgs e)
```

```
    {
        CommandBinding binding = new CommandBinding(ApplicationCommands.New);
        binding.Executed += new ExecutedRoutedEventHandler(binding_Executed);
        CommandBinding cmd_Open = new CommandBinding(ApplicationCommands.Open);
        cmd_Open.Executed += new ExecutedRoutedEventHandler(cmd_Open_Executed);
        CommandBinding cmd_Save = new CommandBinding(ApplicationCommands.Save);
        cmd_Save.Executed += new ExecutedRoutedEventHandler(cmd_Save_Executed);

        this.CommandBindings.Add(binding);
        this.CommandBindings.Add(cmd_Open);
        this.CommandBindings.Add(cmd_Save);
    }
    void cmd_Save_Executed(object sender, ExecutedRoutedEventArgs e)
    {
        MessageBox.Show("保存");
    }
    void cmd_Open_Executed(object sender, ExecutedRoutedEventArgs e)
    {
        MessageBox.Show("打开");
    }
    void binding_Executed(object sender, ExecutedRoutedEventArgs e)
    {
        MessageBox.Show("新建");
    }
    private void CommandBinding_Executed(object sender, ExecutedRoutedEventArgs e)
    {
        MessageBox.Show("复制");
    }
```

从上面的代码中可以看到，在 XAML 代码中可以实现命令绑定。

```
<Window.CommandBindings>
    <CommandBinding Command="ApplicationCommands.Copy"
        Executed="CommandBinding_Executed">
    </CommandBinding>
</Window.CommandBindings>
```

也可以在 CS 代码中实现命令绑定。

```
CommandBinding binding = new CommandBinding(ApplicationCommands.New);
binding.Executed += new ExecutedRoutedEventHandler(binding_Executed);
this.CommandBindings.Add(binding);
```

还有就是要写 Executed 事件中的代码。

```
void binding_Executed(object sender, ExecutedRoutedEventArgs e)
{
    MessageBox.Show("新建");
}
```

上面的内容是通过实现 ICommandSource 接口的 Button 控件来触发执行的命令，下面演示了直接调用命令的方式，代码如下：

```
ApplicationCommands.Open.Execute(null, this);
CommandBindings[0].Command.Execute(null);
```

第一种方法使用了命令对象的 Execute 方法调用命令，此方法接收两个参数，第一个参数是传递的参数值，第二个参数是命令绑定的所在位置，示例中使用了当前窗体。

第二种方法在关联的 CommandBinding 对象中调用 Execute 方法，对于这种情况不需要提供命令绑定的所在位置，因为会自动将提供正在使用的 CommandBindings 集合的元素设置为绑定位置。

【任务小结】

1．本任务介绍了 WPF 命令系统的各元素及其关系。
2．本任务演示了复杂命令的使用过程。
3．本任务实现了命令绑定关联。

任务 4.3　创建使用自定义命令的程序

【任务描述】

设计一个 WPF 应用程序，外观如图 4-8 所示。本次任务的主要功能是，单击浅蓝色控件时弹出对话框，显示文本框里面的内容。

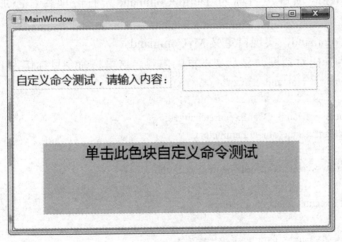

图 4-8　任务 4.3 的运行效果

【知识准备】

4.3.1　自定义命令

一般情况下，程序中使用与逻辑无关的 RoutedCommand 就足够了，但为了使程序的结构更简洁，我们常常要定义自己的命令。

WPF 的命令是实现了 ICommand 接口的类。ICommand 接口只包含两个方法和一个事件，先看一下 ICommand 接口的原型：

```
event EventHandler CanExecuteChanged;
bool CanExecute(object parameter);
```

```
void Execute(object parameter);
```

其中第一个事件为，当命令可执行状态发生改变时，可以激发此事件来通知其他对象。另外两个方法在上面已经用过同名的，在此不做重复说明。

4.3.2　自定义命令的使用

下面开始实现一个自定义直接实现 ICommand 接口的命令，同样实现单击源控件，清除目标控件的内容。

从 ICommand 接口开始，实现一个自定义命令。该自定义命令不再需要 CommandBindings 来进行命令绑定，在命令里面实现了相关的业务处理，使代码更清晰。

【任务分析】

完成了前面的知识准备，我们现在来对使用自定义命令任务进行分析。

首先需要自定义控件，使用 ICommandSource 接口之后才可以成为命令源。其次自定义命令，使用 ICommand 接口实现弹出对话框显示文本框内容的功能。本任务的功能通过自定义命令方式实现。

【任务实施】

（1）新建 WPF 项目，名称为 DefineCommand。右击项目，添加类文件，名称为 MyCommand。

（2）继承 ICommand，实现自定义 MyCommand。

该命令功能为弹出对话框，显示文本框的内容。这里将命令目标作为 Execute 的参数。

```
class MyCommand : ICommand
{
    public event EventHandler CanExecuteChanged;
    public bool CanExecute(object parameter)
    {
        throw new System.NotImplementedException();
    }
    public void Execute(object parameter)
    {
        TextBox   txtCmd = parameter as TextBox ;
        if (cmd != null)
        {
            MessageBox.Show(txtCmd.Text);
        }
    }
}
```

注意，此时需要 using System.Windows.Input;对 ICommand 进行解析。

（3）右击项目，新建类文件，名称为 MyCommandSource，创建命令源。

自定义命令需要有命令源来发送它们，通过继承 ICommandSource 来实现命令源。下面通过控件的 OnMouseLeftButtonUp 事件来发送命令。

```
//自定义命令源
class MyCommandSource : System.Windows.Controls.TextBlock, ICommandSource
```

```
{
    public ICommand Command { get; set; }
    public object CommandParameter { get; set; }
    public IInputElement CommandTarget { get; set; }
    //重写单击处理函数，注意由于事件的优先级不同，如果命令源是 Button 的话，下面的函数
    //不起作用
    protected override void OnMouseLeftButtonUp(MouseButtonEventArgs e)
    {
        base.OnMouseLeftButtonUp(e);
        if (this.CommandTarget != null)
        {
            this.Command.Execute(this.CommandTarget);
        }
    }
}
```

（4）使用命令源进行界面布局。

界面主要控件为一个文本框（作为命令目标）和命令源 MyCommandSource。如果希望在 XAML 中使用自定义的命令，首先需要将.NET 命名空间映射为一个 XAML 命名空间。此任务中，自定义的命令类位于 DefineCommand 命名空间（对于名为 DefineCommand 的项目，这是默认的命名空间），应当添加如下的命名空间映射：

```
xmlns:local="clr-namespace:DefineCommand"
```

在本次任务中，使用 local 作为命名空间的别名。也可以使用任意希望使用的别名，只要在 XAML 文件中保持一致即可。现在可以通过 local 命名空间访问后台声明的文件了。

```xml
<Window x:Class="DefineCommand.MainWindow"
        xmlns="http://schemas.microsoft.com/winfx/2006/xaml/presentation"
        xmlns:x="http://schemas.microsoft.com/winfx/2006/xaml"
        xmlns:local="clr-namespace:DefineCommand"
        Title="MainWindow" Height="350" Width="525">
    <Grid>
    <Border CornerRadius="5" BorderBrush="LawnGreen" BorderThickness="2" >
        <Grid>
            <Grid.RowDefinitions>
                <RowDefinition/>
                <RowDefinition/>
            </Grid.RowDefinitions>
            <Grid.ColumnDefinitions>
                <ColumnDefinition/>
                <ColumnDefinition/>
            </Grid.ColumnDefinitions>
            <TextBox Text="自定义命令测试，请输入内容：" TextAlignment="Center"
                VerticalAlignment="Center" FontSize="18"/>
            <TextBox x:Name="myTxt" Height="40" Margin="18" Grid.Column="1" Grid.Row="0"/>
            <local:MyCommandSource x:Name="mySource" Grid.Row="1" Grid.ColumnSpan="2"
                Text="单击此色块自定义命令测试" FontSize="23" TextAlignment="Center"
                VerticalAlignment="Center" Height="110" Width="410" Background="LightBlue"/>
        </Grid>
```

```
            </Border>
        </Grid>
</Window>
```

（5）命令关联，为命令源附上 MyCommand 命令。

```
{
    InitializeComponent();
    //由于命令具有全局性，所以一般声明在静态全局的地方，供全局使用
    MyCommand myCmd = new MyCommand();
    this.mySource.Command = myCmd;
    this. mySource.CommandTarget = this.myTxt;
}
```

（6）按 F5 键运行程序，效果如图 4-9 所示。

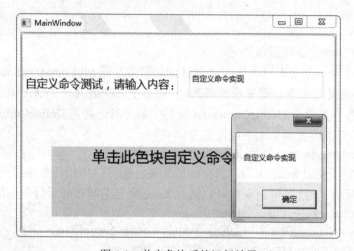

图 4-9　单击色块后的运行效果

【任务小结】

　　本任务实现的是通过自定义控件实现自定义的命令。对如何自定义命令实现多样化的功能需要了解和掌握，同时通过自定义控件的方式实现理想的 WPF 外观也是不错的办法。

任务 4.4　使用命令实现清除功能

【任务描述】

　　本次任务实现的是单击"重置"按钮时清除各个文本框里面的内容。

　　在"读者添加"功能中，读者编号是必须添加的，其他内容可以在添加读者账号后，由读者以自己用户名密码登录系统自行修改。所以当"读者编号"文本框没有输入内容时，按钮是不可用的，当里面有文字时，按钮可用。效果如图 4-10 所示。

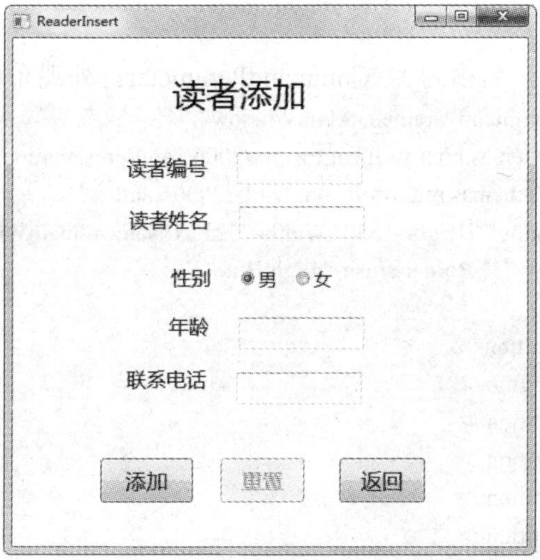

图 4-10 任务 4.4 的运行效果

【知识准备】

4.4.1 命令参数

前面提到的命令库里面有很多 WPF 预制命令，如 New、Open、Copy、Cut、Paste 等。这些命令都是 ApplicationCommands 类的静态属性，所以它们的实例永远只能有一个，这就引起了一个问题：如果界面上有两个按钮，一个用来创建 Student 档案，一个用来创建 Teacher 档案。都使用 New 命令的话，程序应该如何区别新建的是什么档案呢？

答案是使用 CommandParameter，命令源一定是实现了 ICommandSource 接口的对象，而 ICommandSource 有一个属性就是 CommandParameter。

4.4.2 命令参数的使用

下面通过一个例子来学习命令参数的知识。程序的运行效果如图 4-11 所示。

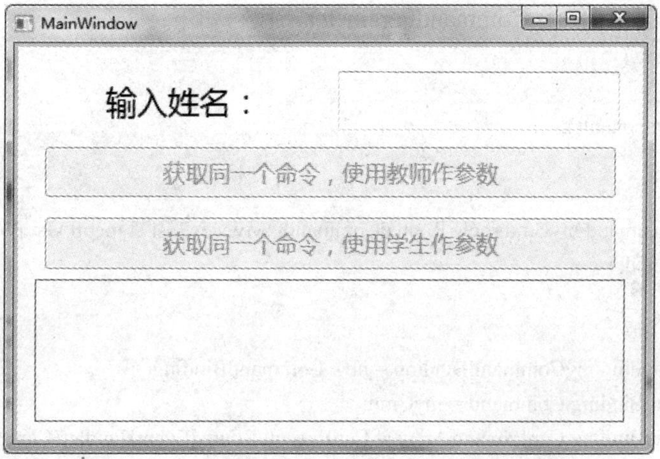

图 4-11 使用 Command Parameter 的运行效果

具体实现步骤如下：

（1）新建 WPF 项目，名称为 MyCommandParameter。外观布局代码如下：

```xml
<Window x:Class="MyCommandParameter.MainWindow"
        xmlns="http://schemas.microsoft.com/winfx/2006/xaml/presentation"
        xmlns:x="http://schemas.microsoft.com/winfx/2006/xaml"
        Title="MainWindow" Height="350" Width="525" x:Name="mainWindow">
    <Border BorderThickness="3" BorderBrush="LightBlue">
        <Grid Margin="14">
            <Grid.RowDefinitions>
                <RowDefinition />
                <RowDefinition />
                <RowDefinition />
                <RowDefinition />
                <RowDefinition />
            </Grid.RowDefinitions>
                <Grid Grid.Row="0">
                    <Grid.ColumnDefinitions>
                        <ColumnDefinition/>
                        <ColumnDefinition/>
                    </Grid.ColumnDefinitions>
                    <TextBlock Text="输入姓名：" FontSize="25" HorizontalAlignment="Center"
                        VerticalAlignment="Center" Margin="5"/>
                    <TextBox Grid.Column="1" Margin="5" x:Name="txtName"/>
                </Grid>
            <Button    CommandParameter="Teacher"    x:Name="button1" Content="获取同一个命令，使用
                教师作参数" Grid.Row ="1" Margin="8" FontSize="18"/>
            <Button    CommandParameter="Student"    x:Name="button2" Content="获取同一个命令，使用
                学生作参数" Grid.Row ="2" Margin="8" FontSize="18"/>
            <ListBox x:Name="listBox1" Grid.Row="3" Grid.RowSpan="2" FontSize="13"/>
        </Grid>
    </Border>
</Window>
```

（2）后台编写如何使用 CommandParameter，代码如下：

```csharp
public MainWindow()
{
    InitializeComponent();
    InitCmd();
}
private RoutedCommand myCmd=new RoutedCommand("MyNewTest",typeof(MainWindow ));
private void InitCmd()
{
    //创建命令关联
    CommandBinding myCommandBinding = new CommandBinding();
    myCommandBinding.Command = myCmd;
    myCommandBinding.CanExecute += new CanExecuteRoutedEventHandler(CanExecute1);
    myCommandBinding.Executed += new ExecutedRoutedEventHandler(Executed1);
    //把命令关联安置在外围控件上
```

```
        mainWindow.CommandBindings.Add(myCommandBinding);

        //把命令赋值给命令源（发送者）
        button1.Command = myCmd;
        button2.Command = myCmd;
    }
    private void CanExecute1(object sender,CanExecuteRoutedEventArgs e)
    {
        //e.CanExecute = true;
        if (string.IsNullOrWhiteSpace(txtName.Text))
        {
            e.CanExecute = false;
        }
        else
        {
            e.CanExecute = true;
        }
    }
    private void Executed1(object sender, ExecutedRoutedEventArgs e)
    {
        string name = txtName.Text;
        if (e.Parameter.ToString() == "Teacher")
        {
            listBox1.Items.Add("老师 " + name+" 认为：WPF 很简单！");
        }
        if (e.Parameter.ToString() == "Student")
        {
            listBox1.Items.Add("学生 " + name + " 认为：WPF 很难！");
        }
    }
```

程序的运行效果和图 4-11 相同：当 txtName.Text 为空时，命令不可被执行。当在文本框中输入内容后，执行效果如图 4-12 所示。

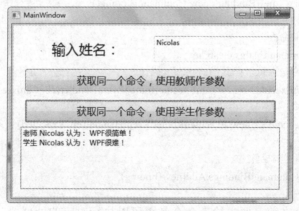

图 4-12 在文本框中输入内容后的运行效果

注意：例题中两个按钮使用的是同一命令，但分别以不同的字符串作为参数，执行的动作也可以不一样。本例是为窗体添加 CommandBinding，而 CanExecute 和 Execute 事件处理写在后台 C#代码里。

再来看一个例子，程序运行时文本框中无内容时按钮不可用；文本框中有内容时，按钮可用。单击按钮清除文本框内容。运行效果如图 4-13 所示。

图 4-13　文本框无内容和有内容时的运行效果

其实，本例是为图书管理系统各模块中出现的"清空"和"重置"等功能做铺垫。

（1）新建一个 WPF 项目，窗体设计的主要代码如下：

```
<StackPanel x:Name="stackPanel">
        <Button x:Name="button1" Content="清空文本框"   Height="50" Margin="15"/>
        <TextBox x:Name="textBox1" Height="40" Margin="15"/>
</StackPanel>
```

（2）在后台声明并创建用来实现清理功能的命令，代码为：

```
  private RoutedCommand clearCmd = new RoutedCommand("Clear", typeof(MainWindow));
```

（3）初始化命令方法，自定义方法名称为 InitializeCommand。代码中附有解释。

```
private void InitializeCommand()
{
    //把命令赋值给命令源
    this.button1.Command = this.clearCmd;
    //为命令设置目标
    this.button1.CommandTarget = this.textBox1;
    //创建命令关联
    CommandBinding   newBinding= new CommandBinding();
    //设置命令关联的各个属性
    //1. 指定关联的命令
    newBinding.Command = this.clearCmd;
    //2. 确定此命令是否可以在其当前状态下执行
    newBinding.CanExecute += new CanExecuteRoutedEventHandler(cb_CanExecute);
    //3. 调用此命令
    newBinding.Executed += new ExecutedRoutedEventHandler(cb_Executed);

    //把命令关联到外围控件上
    this.stackPanel.CommandBindings.Add(newBinding);
}
```

（4）在执行命令之前，要先检查命令是否可以执行对应的处理器。

```
void cb_CanExecute(object sender, CanExecuteRoutedEventArgs e)
    {
```

```
            if (string.IsNullOrEmpty(this.textBox1.Text))
            {
                e.CanExecute = false;
            }
            else
            {
                e.CanExecute = true;
            }
            e.Handled = true;
        }
```

（5）执行命令，真正实现要完成的功能。

```
void cb_Executed(object sender, ExecutedRoutedEventArgs e)
{
    this.textBox1.Clear();
    e.Handled = true;
}
```

（6）按 F5 键运行程序，运行效果如图 4-12 所示。当在文本框中输入内容后，按钮可用；单击按钮后，文本框清空，而按钮又进入不可用状态，如图 4-14 所示。

图 4-14　单击按钮后的运行效果

对于上面的例子有几点需要注意的地方：

- 使用命令可以避免自己写代码判断 Button 是否可用以及添加快捷键，在把命令赋值给命令源时即可指定快捷键。如快捷键设置为 Alt + C，代码如下：

```
this.clearCmd.InputGestures.Add(new KeyGesture(Key.C,ModifierKeys.Alt));
```

- RoutedCommand 是一个与业务逻辑无关的类，TextBox 并不是它清空的，是由 CommandBinding 操作的。本例中 CommandBinding 被安装在 StackPanel 上，起到"侦听器"的作用，当 CommandBinding 捕捉到 CanExecute 事件就会调用 cb_CanExecute 方法，捕捉到 Executed 事件就会调用 cb_Executed 方法。CommandBinding 一定要设置在更高一级的控件上，这样它才可以"站在高处"捕捉 CanExecute 事件和 Executed 事件。
- 因为 CanExecute 事件的激发频率比较高，为了避免降低性能，在处理完后建议把 e.Handled 设为 True。

【任务分析】

完成了前面的知识准备，我们现在来对命令清除任务进行分析。

本次任务实现的是，单击"重置"按钮后清除各个文本框里的内容。接着上述例子很容易实现此功能。本次任务我们希望精简代码隐藏文件，使用 XAML 以声明方式关联命令的方式实现。

【任务实施】

（1）打开已经建好的 WPF 项目，选择名称为 BookInsertWin.xaml 的文件。窗体设计用到的主要控件及说明如表 4-4 所示，具体设计代码略。

表 4-4　任务 4.4 外观设计用到的主要控件及说明

控件类型	控件名称	说明
Grid	grid1	用于布局设计
TextBlock		用于显示提示信息
TextBox	txtReaderIn1～txtReaderIn4	用于输入读者相关信息
RadioButton	rdo1、rdo2	用于设置读者的性别
Button	btn1、btnReset、btn2	完成对应的功能

（2）向项目中添加一个 MyClearCommandClass 的类文件，内容如下：

```
class MyClearCommandClass
{
    public static RoutedCommand MyClearCmd = new RoutedCommand();
}
```

注意其中 RoutedCommand 类型的字段 MyClearCmd。它定义了一个将被窗体控件所调用的命令。需要导入 using System.Windows.Input;对 RoutedCommand 进行解析。

（3）在 Window 元素中加入对本项目命名空间的引用（目的是在 XAML 中使用代码中的类）。名称控件用 local 标识。BookMis 项目内的所有文件都可以通过 local:的方式使用自定义的 MyClearCommandClass 类。

```
<Window x:Class="BookMis,ReaderInsert"
    xmlns="http://schemas.microsoft.com/winfx/2006/xaml/presentation"
    xmlns:x="http://schemas.microsoft.com/winfx/2006/xaml"
    xmlns:local="clr-namespace:BookMis"
    Title="ReaderInsert" Height="500" Width="480">
```

（4）给最顶层元素 Window 添加命令绑定。

```
<Window.CommandBindings>
    <CommandBinding Command="local:MyClearCommandClass.MyClearCmd" Executed
        ="myExecuted" CanExecute="myCanExecute"/>
</Window.CommandBindings>
```

（5）修改 btnReset 按钮的声明，加上 Command 属性。

```
<Button x:Name="btnReset" Command="local:MyClearCommandClass.MyClearCmd"
    FontSize="19"    Content="重置" Height="40"    Width="76"/>
```

（6）在执行命令之前，要先检查命令是否可以执行对应的处理器。

```
void MyCanExecute(object sender, CanExecuteRoutedEventArgs e)
{
    if (string.IsNullOrEmpty(this.textReaderIn1.Text))
    {
```

```
            e.CanExecute = false;
        }
        else
        {
            e.CanExecute = true;
        }
        e.Handled = true;
}
```

（7）执行命令，真正实现要完成的功能。

```
void MyExecuted(object sender, ExecutedRoutedEventArgs e)
{
    this.txtReaderIn1.Clear();
    this.txtReaderIn2.Clear();
    this.txtReaderIn3.Clear();
    this.txtReaderIn4.Clear();
    e.Handled = true;
}
```

（8）按 F5 键运行程序，运行效果如图 4-10 所示。当在文本框中输入内容后，按钮可用；单击按钮后，文本框清空，而按钮又进入不可用状态，如图 4-15 所示。

图 4-15　单击"重置"按钮后的运行效果

【任务小结】

1. 本任务介绍了 WPF 的命令参数 CommandParameter。
2. 本任务演示了自定义命令及命令绑定的使用过程。
3. 掌握在前台 XAML 声明方式和后台 C# 方式实现命令关联。

 项目总结

本项目通过 4 次任务认识了 WPF 的命令系统、微软的 WPF 提供的命令库以及如何自定

义命令并使用它。虽然以上的任务内容比较简单，但是里面涉及的东西还是很有必要时常查阅的。希望读者能够理解掌握各任务代码的含义，并能够跟随步骤亲手模仿制作。

设计一个如图 4-16 所示的 WPF 应用程序，通过使用自定义命令实现如下程序功能：单击菜单项和按钮实现的是同样的功能，将左边文本框里的内容粘贴到右边文本框。运行效果如图 4-17 所示，主要控件及说明如表 4-5 所示。

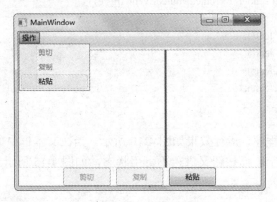

图 4-16　实训 1 的运行效果

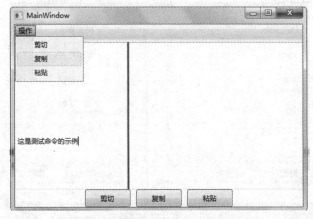

图 4-17　单击菜单项或按钮实现相同的功能的运行效果

表 4-5　实训所用到的主要控件及说明

控件类型	控件名称	说明
Grid	grid1、grid2	用于外观布局设计
Menu		用于菜单的设计
TextBox	textbox1、textBox2	用于输入和显示数据
GridSplitter		实现可拖曳的分隔栏
Button	btn1～btn3	用于实现对应的功能

项目五　WPF 绑定——注册信息入库

项目描述

数据绑定是在应用程序 UI 与业务逻辑之间建立连接的过程。如果绑定具有正确设置并且数据提供正确通知，则当数据更改其值时，绑定到数据的元素会自动反映更改。数据绑定可能还意味着如果元素中数据的外部表现形式发生更改，则基础数据可以自动更新以反映更改。

在图书管理系统的设计中，通过各 UI 元素（如 TextBox、DataGrid 等）显示从数据库表中筛选出的数据。当在控件中修改数据时，可以实时更新数据库表；当修改或删除数据库表中的数据时，也能通知 UI 元素自动更新。本项目中显示信息的功能通过 WPF 的数据绑定的方式实现。在信息添加进数据库表之前，以注册信息入库功能为例，先要对信息进行验证。数据不符合要求时，在提交注册之前即显示提示信息；当数据符合要求时才允许提交。此功能通过 WPF 数据验证的方式实现。

学习目标

1. 了解 WPF 中的数据绑定。
2. 掌握数据绑定的 Mode 属性和 UpdateSourceTrigger 属性。
3. 掌握 DataContext 的使用。
4. 了解 WPF 数据绑定中的数据验证。

能力目标

1. 会运用数据绑定显示数据。
2. 会运用 WPF 数据绑定中的数据验证知识验证数据。

任务 5.1　创建一个使用 Binding 的简单程序

【任务描述】

设计一个如图 5-1 所示的 WPF 应用程序。用鼠标拖动 Slider 的滑块，在文本框上显示 Slider 的 Value 值，同时矩形颜色块随之大小变化，运行效果如图 5-1 所示。

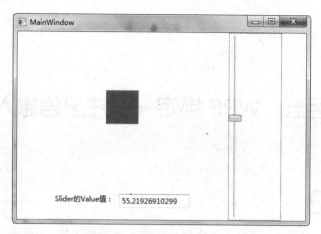

图 5-1　任务 5.1 的运行效果

【知识准备】

5.1.1　数据绑定概述

数据绑定为应用程序提供了一种简单、一致的数据表示和交互方法。元素能够以公共语言运行时（CLR）对象和 XAML 形式绑定到来自各种数据源的数据。ContentControl（如Button）和ItemsControl（如ListBox和ListView）具有内置功能，使单个数据项或数据项集合可以进行灵活的样式设置，可以在数据之上生成排序、筛选和分组视图。

WPF 中的数据绑定功能与传统模型相比具有一些优势，包括本质上支持数据绑定的各种属性、灵活的数据 UI 表示形式，以及业务逻辑与 UI 的完全分离。绑定功能为我们提供了很多便利，例如 Binding 对象的自动通知/刷新、Converter、Validation Rules、Two Way Binding 等功能，省去了很多维护的繁琐工作。另外 WPF 中提供的数据模板功能，让我们可以轻松定制可以被复用的控制呈现的模块——但这是以数据绑定为前提来做到轻松易用的效果的。数据提供者例如 XmlDataProvider 和 ObjectDataProvider 更是简化了将对象以特定方式绑定并呈现的过程。可以说，数据绑定是 WPF 中让我们真正能够开始体现其便利性的特征之一，而对以数据驱动的应用来讲，其重要性不言而喻。

数据绑定的关键是 System.Windows.Data.Binding 对象，它会把两个对象（UI 对象与 UI 对象之间，UI 对象与.NET 数据对象之间）按照指定的方式粘合在一起，并在它们之间建立一条通信通道，绑定一旦建立，接下来的应用生命周期中它可以自己独立完成所有的同步工作。

5.1.2　Binding 基础

数据绑定的一种典型用法是将服务器或本地数据放置到窗体或其他 UI 控件中。在 WPF 中，此概念得到扩展，包括了大量属性与各种数据源的绑定。在 WPF 中，元素的依赖项属性可以绑定到 CLR 对象（包括 ADO.NET 对象或与 Web 服务和 Web 属性相关联的对象）和 XML 数据。

Binding 比喻成一座数据桥梁，当一辆汽车要经过桥时，就需要指明出发地－源（Source）和目的地－目标（Target），数据从哪里来是源，到哪里去是目标，一般情况下，Binding 源是逻辑层的对象，目标是 UI 层的控件对象。通过 Binding 送达 UI 层，被 UI 层所展示也就完成了数据驱动 UI 的过程。

我们可以想象在 Binding 这座桥上铺了高速公路，不仅可以设置其方向是单向的，还可以设置为双向的，不仅如此，在双向绑定的时间甚至可以设置一些"关卡"，用来转化数据类型或者是检查数据的正确性。不论要绑定什么元素，不论数据源的特性是什么，每个绑定都始终遵循图 5-2 所示的模型。

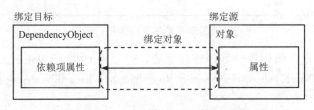

图 5-2 数据绑定的各元素及关系

通常，每个绑定都具有 4 个组件：绑定目标对象、目标属性、绑定源和要使用的绑定源中的值的路径。例如，如果要将 TextBox 的内容绑定到 Employee 对象的 Name 属性，则目标对象是 TextBox，目标属性是 Text 属性，要使用的值是 Name，源对象是 Employee 对象。

目标属性必须为依赖项属性。大多数 UIElement 属性都是依赖项属性，而大多数依赖项属性（除了只读属性）默认情况下都支持数据绑定。只有 DependencyObject 类型可以定义依赖项属性，所有 UIElement 都派生自 DependencyObject。

尽管图中并未指出，但应该注意，绑定源对象并不限于自定义 CLR 对象。WPF 数据绑定支持 CLR 对象和 XML 形式的数据。举例来说，绑定源可以是 UIElement、任何列表对象、与 ADO.NET 数据或 Web 服务关联的 CLR 对象，或是包含 XML 数据的 XmlNode。

值得注意的是，当建立绑定时是将绑定目标绑定到绑定源。例如，如果要在一个 ListBox 中显示一些基础 XML 数据，数据绑定就是将 ListBox 绑定到 XML 数据。

5.1.3 最简单的数据绑定

最简单的数据绑定：一对一数据绑定，即 WPF 元素到 WPF 元素。

例如，WPF 窗体中含有 ScrollBar、Label、TextBox 控件，做如下布局：

```
<Window x:Class="WpfApplication1.MainWindow"
        xmlns="http://schemas.microsoft.com/winfx/2006/xaml/presentation"
        xmlns:x="http://schemas.microsoft.com/winfx/2006/xaml"
        Title="MainWindow" Height="350" Width="525">
    <Grid>
        <TextBox Height="23" HorizontalAlignment="Left" Margin="141,46,0,0" Name="textBox1"
            VerticalAlignment="Top" Width="120" Text="{Binding Path=Value,ElementName=slider1}"/>
        <Slider Height="23" HorizontalAlignment="Left" Margin="84,106,0,0" Name="slider1"
            VerticalAlignment="Top" Width="212" />
    </Grid>
</Window>
```

代码 Text="{Binding Path=Value,ElementName=slider1}"把 TextBox 的 Text 属性绑定到 ScrollBar 的 value 上，当滑块移动时，TextBox 中显示的数字在变化。注意这里，在 Binding 中，Path=Value，ElementName=slider1 等号右边是不能加双引号的。ScrollBar 是源对象，TextBox 中的 Text 是目标属性，目标对象和源对象都是 WPF 控件。运行效果如图 5-3 所示。

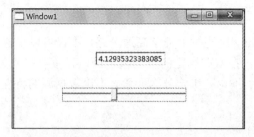

图 5-3 最简单数据绑定的运行效果

如果不用数据绑定，而用事件处理程序完成，可以用 C#中的 ValueChanged 事件处理。

```
private void slider1_ValueChanged(object sender, RoutedPropertyChangedEventArgs<double> e)
{
    string str = this.slider1.Value.ToString();
    textBox1.Text = str;
}
```

显然能达到同一效果，在代码精简程度上 WPF 的 XAML 语言还是有优势的。在 C#中，需要通过代码实现数据绑定。因为 ScrollBar 位于 System.Windows.Controls.Primitive 命名空间中，所以在 C#中如果用 ScrollBar 生成对象，则需要使用该命名空间。值得注意的是，在 C#代码中可以访问在 XAML 中声明的变量，但是 XAML 中不能访问 C#中声明的变量，因此，要想在 XAML 中建立 UI 元素和逻辑对象的 Binding 还要颇费些周折，要把逻辑代码声明为 XAML 中的资源（Resource）。

分析 XAML 代码，它使用了 Binding 标记扩展语法：

```
<TextBox   Name="textBox1"   Text="{Binding   Path=Value , ElementName=slider1}"/>
```

与之等价的 C#代码是：

```
Binding bind = new Binding(){ Path = new ProperthPath("Value") , Source = this. slider1 };
this.textBox1.SetBinding(TextBox.TextProperty, bind ) ;
```

我们知道，每个绑定都具有 4 个组件：绑定目标对象、目标属性、绑定源和要使用的绑定源中的值的路径。上述代码编写的思路可以这样思考：

（1）确定绑定目标。就是 UI 元素 textBox1。

（2）确定绑定属性。就是 textBox1 控件的 Text 属性。

（3）确定绑定源。就是 UI 元素 slider1。

（4）准备 Binding。

```
Binding bind = new Binding();
bind.Source = slider1;
binding.Path = new PropertyPath("Value");
```

（5）使用 Binding 连接绑定源与绑定目标。

```
this.textBox1.SetBinding(TextBox.TextProperty, bind ) ;
```

把绑定源和目标连在一起的任务是使用 SetBinding(…,…)方法完成的。这个方法的两个参数需要我们加深理解：

● 第一个参数，用于为 Binding 指明把数据送达目标的哪个属性。这里用的不是对象的属性，而是类的一个 DependencyProperty 类型成员。

● 第二个参数指定使用哪个 Binding 实例将数据源与目标关联起来。

以上就是数据绑定的思路和步骤。

在 C#编写时，可以使用 Binding 的构造器简写为：

```
Binding bind = new Binding("Value"){ Source = this. slider1 } ;
this.textBox1.SetBinding(TextBox.TextProperty, bind ) ;
```

SetBinding 方法是在 FrameworkElement 和 FrameworkContentElement 中定义的，对于 UI 元素实现数据绑定非常方便。因为我们在 C#代码中可以直接访问控件对象，所以一般不会使用 Binding 的 ElementName 属性，而是直接赋值给 Binding 的 Source 属性。

有经验的程序员还会借助 Binding 类的构造器及 C# 3.0 的对象初始化语法来简化代码。这样一来，上面的代码还可以进一步简化为：

```
this.textBox1.SetBinding(TextBox.TextProperty,new Binding("Value"){Source=slider1});
```

Binding 的标记扩展语法，初看有些平淡甚至有些别扭，但细品就会体验到其精巧之处。说它别扭，是因为我们已经习惯了 Text="Hello World"这种键——值式的赋值方式，而且认为值与属性的值类型一定要一致—— 大脑很快会质询 Text="{Binding　Path = Value，ElementName=Slider1}"的字面意思——Text 的类型是 String，为什么要赋一个 Binding 类型的值呢？其实我们并不是为 Text 属性赋值，为了消除这种误会，可以把代码读作：为 Text 属性设置 Binding 为……。再想深一步，我们不是经常把函数视为一个值吗？只是这个值在函数执行之后才能得到。同理，也可以把 Binding 视为一种间接的、不固定的赋值方式——Binding 扩展很恰当地表达了这个赋值方式。

对于数据源是单个数据的情况，有 3 种直接指定绑定数据源的方式。

- ElementName：源是另一个 WPF 元素。
- Source：源是一个 CLR 对象。
- RelativeSource：源和目标是同一个元素。

这 3 种方式是相互排斥的，不能同时出现和使用。即每次只能使用其中的一种方式，否则就会出错。之前讲的几个例子都是用 ElementName 绑定到其他控件的。

5.1.4　控制 Binding 的方向及数据更新

Binding 在源与目标之间架起了沟通的桥梁，默认情况下数据既可以通过 Binding 送达目标，也可以通过目标回到源（收集用户对数据的修改）。有时候数据只需要展示给用户，不需要用户修改，这时候可以把 Binding 模式设置为从目标向源的单向沟通以及只在 Binding 关系确立时读取一次数据，这需要我们根据实际情况选择。Binding 常用的属性如表 5-1 所示，根据实际情况使用不同的属性。

表 5-1　Binding 的常用属性

属性	说明
Converter	转换器
ElementName	绑定的源对象
FallbackValue	绑定无法返回有效值时的默认显示
Mode	绑定方式
Path	路径
RelativeSource	常用于自身绑定或者数据模板中指定绑定的源对象
Source	源对象

续表

属性	说明
StringFormat	格式化表达式
UpdateSourceTrigger	在绑定将发生的对象上设置事件
ValidationRules	验证规则

控制 Binding 数据流向的属性是 Mode，它的类型是 BindingMode 的枚举。BindingMode 可以取值为 TwoWay、OneWay、OneTime、OneWayToSource 和 Default。这里的 Default 指的是 Binding 的模式会根据目标的实际情况来确定，如果是可以编辑的（TextBox 的 Text 属性），Default 就采用双向模式；如果是 TextBlock，不可编辑，就使用单向模式，如图 5-4 所示。

图 5-4   数据绑定的 Mode 取值

OneWay 绑定导致对源属性的更改会自动更新目标属性，但是对目标属性的更改不会传播回源属性。此绑定类型适用于绑定的控件为隐式只读控件的情况。

TwoWay 绑定导致对源属性的更改会自动更新目标属性，而对目标属性的更改也会自动更新源属性。此绑定类型适用于可编辑窗体或其他交互式 UI 方案。大多数属性都默认为 OneWay 绑定，但是一些依赖项属性（通常为可编辑的控件的属性，如 TextBox 的 Text 属性和 CheckBox 的 IsChecked 属性）默认为 TwoWay 绑定。

OneTime 绑定未在图中显示，该绑定会导致源属性初始化目标属性，但不传播后续更改。这意味着，如果数据上下文发生了更改，或者数据上下文中的对象发生了更改，则更改会反映在目标属性中。此绑定类型实质上是 OneWay 绑定的简化形式，在源值不更改的情况下可以提供更好的性能。

OneWayToSource 与 OneWay 绑定相反，它在目标属性更改时更新源属性。一个示例方案是你只需要从 UI 重新计算源值的情况。

接上一节的小例子，拖动 Slider 手柄时，TextBox 就会显示 Slider 的当前值（实际上这一块涉及到一个 Double 到 String 类型的转换，暂且忽略不计）；如果在 TextBox 里面输入一个恰当的值再按 Tab 键让焦点离开 TextBox，则 Slider 手柄就会跳转至相应的值那里。

只需要在绑定中添加 Mode 类型即可。

{ Binding   ElementName=slider1, Path=Value, Mode=TwoWay }

运行效果如图 5-5 所示。

为什么一定要在 TextBox 失去焦点以后才改变值呢？这就引出了 Binding 的另外一个属性——UpdateSourceTrigger，它的类型是 UpdateSourceTrigger 枚举，可取值为 PropertyChanged、LostFous、Explicit 和 Default。显然，对于 Text 的 Default 行为与 LostFocus 一致，我们只需要把这个值改成 PropertyChanged，则 Slider 就会随着输入值的变化而变化了，如表 5-2 所示。

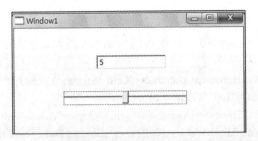

图 5-5　加入 Mode 属性后的运行效果

表 5-2　数据绑定的属性 UpdateSourceTrigger 的取值

UpdateSourceTrigger 值	源值何时进行更新
LostFocus（默认）	当 Text 控件失去焦点时
PropertyChanged	当键入到 TextBox 时
Explicit	当应用程序调用 UpdateSource 时

- PropertyChanged：当绑定目标属性更改时，立即更新绑定源。多数依赖项属性的默认值为 PropertyChanged，TextBox 默认值为 LostFocus。
- Explicit：不会更新源，除非在代码中调用 BindingExpression.UpdateSource()方法时才会更新绑定源。
- LostFocus：目标属性变化且失去焦点时更新源。

大多数依赖项属性的默认值都为 PropertyChanged，而 Text 属性的默认值为 LostFocus。这意味着，只要目标属性更改，源更新通常都会发生，这对于 CheckBox 和其他简单控件很有用。但对于文本字段，每次击键之后都进行更新会降低性能，用户也没有机会在提交新值之前使用退格键修改键入错误。这就是为什么 Text 属性的默认值是 LostFocus 而不是 PropertyChanged 的原因。

只需要在绑定里面加 UpdateSourceTrigger = PropertyChanged 就可以实现我们想要的结果了。

注意：Binding 还具有 NotifyOnSourceUpdated 和 NotifyOnTargetUpdated 两个 Bool 类型的属性。如果设置为 True，则在源或目标被更新以后就会触发相应的 SourceUpdated 事件和 TargetUpdated 事件。实际工作中我们可以监听这两个事件来找出来哪些数据或控件被更新了。

再举个简单的例子，创建一个 WPF 应用程序，外观包括两个 TextBox 控件。在第一个文本框中输入数据，在第二个文本框中显示出来；在第二个文本框中更改数据也可以在第一个文本框中更新。运行效果如图 5-6 所示。

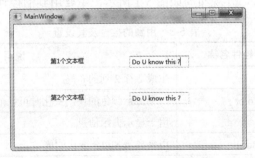

图 5-6　加入 UpdateSourceTrigger 属性的运行效果

如何编写代码呢？

（1）新建一个 WPF 应用程序，外观布局如图 5-6 所示，主要代码如下：

```
<Grid>
    <TextBox Height="23" HorizontalAlignment="Left" Margin="233,64,0,0" Name="textBox1"
        VerticalAlignment="Top" Width="120"/>
    <TextBox Height="23" HorizontalAlignment="Left" Margin="233,135,0,0" x:Name="textBox2"
        VerticalAlignment="Top" Width="120" Text="{Binding Path=Text,ElementName=textBox1,
        Mode=TwoWay,UpdateSourceTrigger=PropertyChanged}"/>
    <TextBlock HorizontalAlignment="Left" Height="23" Margin="74,64,0,0" TextWrapping="Wrap"
        Text="第 1 个文本框" VerticalAlignment="Top" Width="112"/>
    <TextBlock HorizontalAlignment="Left" Height="23" Margin="74,135,0,0" TextWrapping="Wrap"
        Text="第 2 个文本框" VerticalAlignment="Top" Width="112"/>
</Grid>
```

从上述代码可以看出，此例外观的构成是拖动控件在窗体上绘制出来的，这种方式是在开发 WinForm 时的做法，这里不推荐！读者尝试给 Grid 增加行、列的方式重新实现布局。

（2）将两个文本框 Binding 在一起，都是 Text 属性。

```
Text="{Binding Path=Text,ElementName=textBox1}"
```

（3）程序运行后，在第一个文本框中输入数据时随着光标的移动马上在第二个文本框中显示出来，需要使用 Binding 的属性 UpdateSourceTrigger。而在第二个文本框中更改数据时，在第一个文本框中也马上更新，需要用到控制 Binding 的方向的属性 Mode。修改 textBox2 的数据绑定后，主要代码如下：

```
<TextBox x:Name="textBox2" Text="{Binding Path=Text,ElementName=textBox1,
Mode=TwoWay,UpdateSourceTrigger=PropertyChanged}"/>
```

【任务分析】

完成前面的知识准备后，我们来对滑块绑定任务进行分析。

如图 5-1 所示完成本次任务的外观设计。Slider 控件的滑块位置变化，使得 TextBox 控件上的内容发生变化，通过本次任务所学 WPF 的 Binding，可知两者间进行了绑定。Binding 将 Slider 控件的 Value 属性和 TextBox 控件的 Text 属性关联起来。显示颜色的 Rectangle 元素也会随之大小变化，可知其 Width、Height 属性也进行了绑定。这里 Rectangle 的 Width、Height 属性与滑块的 Value 属性绑定或与 TextBox 的 Text 属性绑定都可以。

【任务实施】

（1）新建 WPF 项目，外观布局如图 5-1 所示，主要用到的控件及其设置如表 5-3 所示。

表 5-3　用到的控件及其设置

控件类型	控件名称	说明
Grid	grid1	生成 2 行 2 列的布局
Rectangle	MyColor	一个显示颜色的块，变化时可以清晰看到
TextBlock		用于显示提示信息
TextBox	textBox1	用来显示 Slider 变化的值
Slider	slider1	拖动滑块变化，影响其他两个控件

主要代码如下：

```
<Grid Margin="0,0,42,0">
        <Grid.RowDefinitions>
            <RowDefinition Height="4*"/>
            <RowDefinition Height="1*"/>
        </Grid.RowDefinitions>
        <Grid.ColumnDefinitions>
            <ColumnDefinition Width="4*"/>
            <ColumnDefinition Width="1*"/>
        </Grid.ColumnDefinitions>
        <Rectangle x:Name="MyColor" Fill="Red"        Grid.Row="0" Grid.Column="0" />
        <StackPanel Grid.Row="1" Orientation="Horizontal" HorizontalAlignment="Center"
                VerticalAlignment="Center">
            <TextBlock HorizontalAlignment="Left" Height="23" TextWrapping="Wrap" Text="Slider 的
                Value 值： " VerticalAlignment="Top" Width="110"/>
            <TextBox Height="23" HorizontalAlignment="Left" x:Name="textBox1" VerticalAlignment
                ="Top" Width="120" />
        </StackPanel>
        <Slider x:Name="slider1" Value="30" Orientation="Vertical" Grid.Column="1" Grid.RowSpan="2"
            Maximum="100" Minimum="1"/>
</Grid>
```

在本次任务中，StackPanel 所呈现的是有两个水平方向排列的控件，需要对 Orientation 属性进行修改，Orientation = "Horizontal"。Slider 控件默认是水平方向，此任务以垂直方向显示，也要改变其 Orientation 属性，Orientation="Vertical"。Slider 的 Value 取值在 1～100 之间，对其 Maximum、Minimum 属性也进行了相应的赋值。

（2）文本框要显示 slider1 的 Value 值，以绑定实现，代码如下：

```
<TextBox x:Name="textBox1" Text="{Binding Path=Value,ElementName=slider1}"/>
```

（3）Rectangle 大小同时变化，所有 Width、Height 都要进行绑定。它可以绑定在 Slider 控件上，也可以绑定在 textBox1 上，本次任务绑定在 slider1 的 Value 属性上，代码如下：

```
Height="{Binding Path=Value,ElementName=slider1}"
Width="{Binding Path=Value,ElementName=slider1}"
```

（4）为了程序初始显示颜色的 Rectangle 能够显示出来，应先将 Slider1 的 Value 属性设置为 30。

（5）运行程序，来回拖动 Slider 控件的滑块查看运行结果，如图 5-7 所示。

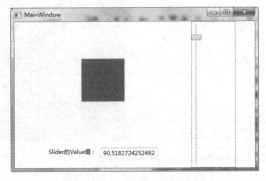

图 5-7　拖动滑块后的运行效果

这个示例存在这样一个问题：因为 Slider.Value 属性是双精度类型，所以在拖动滑动条上的滑块变化时，得到的数值是小数。我们可以通过将 Slider 的 TickFrequency 属性设置为 1（整数间隔为 1），并将 IsSnapToTickEnabled 属性设置为 True，来将滑动条的值限制为整数。

【任务小结】

本次任务用到了 Binding 知识、Binding 的流程，还有控制 Binding 数据流向的属性 Mode 及 UpdateSourceTrigger 属性。本任务的 Binding 只是 WPF 的元素与元素之间，是最简单的绑定。

对于绑定的基本方式，WPF 中的数据绑定分为如图 5-8 所示的 4 种。

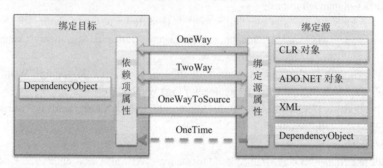

图 5-8　数据绑定的基本方式

任务 5.2　创建显示自定义颜色的程序

【任务描述】

新建 WPF 应用程序，外观如图 5-9 所示。通过移动 4 个 Slider 滑块改变颜色块中的颜色。随着每个滑块的移动，颜色也随着变化。

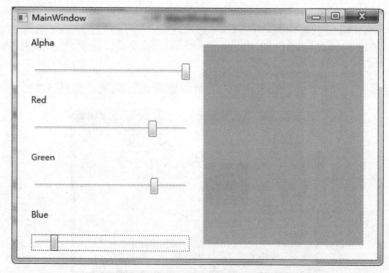

图 5-9　任务 5.2 的运行效果

【知识准备】

5.2.1　Binding 的路径（Path）

作为 Binding 的源可能会有很多属性，通过这些属性 Binding 源可以把数据暴露给外界。那么，Binding 到底需要关注哪个属性值呢？就需要用 Binding 的 Path 属性来指定了。例如前面的例子，我们把 Slider 控件对象作为数据源，把它的 Value 属性作为路径。

尽管在 XAML 代码中或者 Binding 类的构造器参数列表中我们使用字符串来表示 Path，但 Path 的实际类型是 PropertyPath。下面就来看看如何创建 Path 来应付实际情况。

最简单的方法就是直接把 Binding 关联到 Binding 源的属性上，前面的例子就是这样，语法如下：

```
<TextBox Height="23" HorizontalAlignment="Left" Margin="141,46,0,0" Name="textBox1"
    VerticalAlignment="Top" Width="120" Text="{Binding Path=Value,ElementName=slider1}"/>
```

等效的 C#代码为：

```
this.textBox1.SetBinding(TextBox.TextProperty, new Binding("Value") {Source=slider1});
```

例如，想让一个 TextBlock 控件的 Background 显示 List 的选定项。单击列表框的不同项，在 TextBlock 上显示相应字符串，背景色显示成对应颜色。可以这样写：

```
<StackPanel Margin="40,30">
    <TextBlock FontSize="20" Height="40" Text="颜色选择："/>
    <ListBox x:Name="lbColor" FontSize="18" Width="200" Height="120">
        <ListBoxItem Content="Blue"/>
        <ListBoxItem Content="Green"/>
        <ListBoxItem Content="Yellow"/>
        <ListBoxItem Content="Red"/>
        <ListBoxItem Content="Purple"/>
        <ListBoxItem Content="Orange"/>
    </ListBox>
    <TextBlock FontSize="20" Height="30" Text="你选择的颜色：" />
    <TextBlock x:Name="tbk1" Width="200" Height="30">
            <TextBlock.Text>
                <Binding ElementName="lbColor" Path="SelectedItem.Content"/>
            </TextBlock.Text>
    </TextBlock>
    <!--第 2 种绑定方式-->
    <TextBlock x:Name="tbk2" Height="30"   Background="{Binding ElementName=lbColor,Path=
        SelectedItem.Content,Mode=OneWay}"/>
</StackPanel>
```

这里用两种方式实现绑定，第 1 种使用了附加属性：

```
<TextBlock.Text>
    <Binding ElementName="lbColor" Path="SelectedItem.Content"/>
 </TextBlock.Text>
```

注意，当使用了附加属性后，在 TextBox 控件内就不能再出现 Text 属性了。

运行效果如图 5-10 所示。

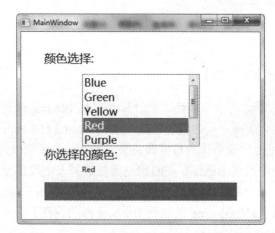

图 5-10　TextBlock 显示选中项的运行效果

Binding 还支持多级路径，例如想让一个 TextBox 显示另外一个 TextBox 内容的长度，可以这样写：

```
<TextBox Height="23" HorizontalAlignment="Left"    Name="textBox1" VerticalAlignment="Top" Width
    = "158" />
<TextBox Height="23" HorizontalAlignment="Left" Margin="152,105,0,0" Name="textBox2" Text="{Binding
    Path=Text.Length,ElementName=textBox1,Mode=OneWay}" VerticalAlignment="Top" Width="158"/>
```

等效的 C#代码为：

```
this.textBox2.SetBinding(TextBox.TextProperty, new Binding("Text.Length") {Source = textBox1, Mode=
    BindingMode.OneWay });
```

运行效果如图 5-11 所示。

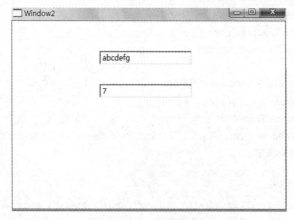

图 5-11　多级路径的运行效果

我们知道，集合类型是索引器（Indexer），又称为带参属性。既然是属性，索引器也能作为 Path 来使用。例如想让一个 TextBox 显示另外一个 TextBox 的第 4 个字符，则可以这样写：

```
<TextBox Height="23" HorizontalAlignment="Left" Margin="152,50,0,0" Name="textBox1"
    VerticalAlignment="Top" Width="158" Text="ABCDE" />
<TextBox Height="23" HorizontalAlignment="Left" Margin="152,105,0,0" Name="textBox2" Text="{Binding
    Path=Text[3],ElementName=textBox1,Mode=OneWay}" VerticalAlignment="Top" Width="158"/>
</TextBox>
```

C#代码如下：

```
this.textBox2.SetBinding(TextBox.TextProperty, new Binding("Text.[3]") { Source=textBox1,Mode=
    BindingMode.OneWay});
```

还可以把 Text 与[3]之间的点去掉，一样可以正确工作，运行效果如图 5-12 所示。

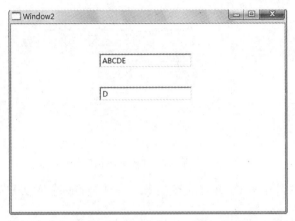

图 5-12　路径使用索引器的运行效果

5.2.2　用 Source 绑定到 CLR 对象

本节我们关心的是用 Source 属性绑定到 CLR 对象上。Binding 类的 ElementName 属性表示绑定到 WPF 元素，而 Source 属性表示绑定的数据源为 CLR 对象。CLR 对象，即非元素对象，既可以是.NET 框架提供的类的实例，也可以是自定义类的实例。

（1）.NET 框架提供的类的实例，即系统自带的类的实例。例如：

```
<Window.Resources>
    <FontFamily x:Key="CustomFont">Calibri</FontFamily>
  </Window.Resources>
```

Resources 是资源，每一个 WPF 元素都可以有资源，一般情况下把它写在最顶级元素上，或者写在使用该资源的上一级元素上。后面会详细介绍，这里简述。

在 TextBlock 控件中使用该字体，即绑定到该资源上，代码如下：

```
<TextBlock Text="{Binding Source={StaticResource CustomFont}, Path=Source}">
</TextBlock>
```

使用资源时如果只使用一次，可以用 StaticResource 的方式访问具体哪个资源。

（2）Binding 类的 Source 属性，绑定到自定义类的实例。

先创建一个 Person 的类，作为数据源用。

```
class Student
{
    public string Name { get; set; }
    public string Sex  { get; set; }
}
```

该类的对象通过 Name、Sex 属性将数据暴露给 UI 上的元素。设计 WPF 外观如图 5-13 所示。主要代码如下：

```
<StackPanel Margin="30" Width="180">
    <TextBlock Text="学生的姓名" Height="40" FontSize="18"/>
```

```
        <TextBox x:Name="textBox1" Height="40" Width="150"/>
        <TextBlock Text="学生的性别" Height="40" FontSize="18"/>
        <TextBox x:Name="textBox2" Height="40" Width="150"/>
    </StackPanel>
```

图 5-13　绑定到 CLR 的示例的外观

使用 Binding 把数据源和 UI 元素连接起来。将对象的两个属性分别绑定在两个 TextBox 控件的 Text 属性上。

```
InitializeComponent();
    Student stu = new Student();
    stu.Name = "郑佳";
    stu.Sex = "女";
    Binding bind1 = new Binding();
    bind1.Source = stu;
    bind1.Path = new PropertyPath("Name");
    BindingOperations.SetBinding(this.textBox1, TextBox.TextProperty, bind1);
    Binding bind2 = new Binding();
    bind2.Source = stu;
    bind2.Path = new PropertyPath("Sex");
    BindingOperations.SetBinding(this.textBox2, TextBox.TextProperty, bind2);
```

BindingOperations 是个值得注意的类，它调用静态方法 SetBinding() 来实现绑定。

```
BindingOperations.SetBinding(…);
```

第 1 个参数用于指定 Binding 的目标；第 2 个参数用于为 Binding 指明把数据送达目标的哪个属性，是类的一个静态只读属性 DependencyProperty 类型成员；第 3 个参数指定使用哪个 Binding 实例将数据源与目标关联起来。

运行效果如图 5-14 所示。

图 5-14　绑定到 CLR 的示例的运行效果

　　有时候我们需要更新 Student 对象的属性，希望在 UI 上能够体现出对应的变化。又如何实现呢？

　　如果让作为 Binding 源的对象具有自动通知 Binding 属性值已经变化的能力，就需要让类实现 INotifyPropertyChanged 接口，并在属性的 set 语句中激发 PropertyChanged 事件。

　　.NET 绑定是基于 Observer 模式的。在.NET 2.0 中，对 Observer 进行了一次包装，可以引用 System.Component 命名空间，实现 INotifyPropertyChanged 接口。可以获得事件 Property-Changed 和 PropertyChangedEventArgs。于是在这套体系下，事件机制事先搭建好了。接口如图 5-15 所示。

```
namespace System.ComponentModel
{
    public delegate void PropertyChangedEventHandler(object sender, PropertyChangedEventArgs e);

    public interface INotifyPropertyChanged
    {
        event PropertyChangedEventHandler PropertyChanged;
    }

    public class PropertyChangedEventArgs : EventArgs
    {
        public PropertyChangedEventArgs(string propertyName);
        public virtual string PropertyName { get; }
    }
}
```

图 5-15　Component 命名空间的成员

　　Binding 是一种自动机制，当值变化后属性要有能力通知 Binding，让 Binding 把变化传达给 UI 元素。当实现了 INotifyPropertyChanged 接口的对象有所改变时，会激发 PropertyChanged 这个接口方法，该方法保证了 UI 界面的数据同步。

　　我们需要在对象的属性里的 set 语句中激发一个 PropertyChanged 事件。修改 Student 类让其实现 System.ComponentModel 命名空间下的 INotifyPropertyChanged 接口即可。

```
class Student : INotifyPropertyChanged
{
    public event PropertyChangedEventHandler PropertyChanged;
    private string name="郑佳";
    public string Name
    {
        get { return   name; }
        set
        {
            name = value;
            if (this.PropertyChanged != null)
            {
                this.PropertyChanged.Invoke(this,new PropertyChangedEventArgs("Name"));
            }
        }
```

```
        }
    }
```

如上代码即指当 Name 发生变化时通知 UI 元素更新。

我们新建一个简易的 WPF 外观，代码如下：

```
<StackPanel Margin="30" Width="180">
    <TextBlock Text="学生的姓名" Height="40" FontSize="18"/>
    <TextBox x:Name="textBox1" Height="40" Width="150"/>
    <TextBlock Text="学生的姓名修改成了：" Height="40" FontSize="18"/>
    <TextBox x:Name="textBox2" Height="40" Width="150"/>
    <Button x:Name="btn1" Content="更改姓名" Height="40" Margin="10" Click="btn1_Click"/>
</StackPanel>
```

使用 Binding 把数据源和 UI 元素连接起来。将对象的 Name 属性绑定在第 2 个 TextBox 控件的 Text 属性上。

```
Student stu = new Student();
public MainWindow()
{
    InitializeComponent();
    Binding bind1 = new Binding();
    bind1.Source = stu;
    bind1.Path = new PropertyPath("Name");
    BindingOperations.SetBinding(this.textBox2, TextBox.TextProperty, bind1);
}
```

运行效果如图 5-16 所示。

图 5-16   实现了 INotifyPropertyChanged 接口的示例的外观

在 textBox1 中输入新的姓名，单击按钮对 Student 对象的 Name 属性进行修改。给 Button 添加了 Click 事件。

```
private void btn1_Click(object sender, RoutedEventArgs e)
{
    stu.Name = textBox1.Text.Trim();
}
```

如上就实现更改 CLR 对象的属性，其自动通知 UI 元素做出更新。运行效果如图 5-17 所示。

图 5-17　实现了 INotifyPropertyChanged 接口的示例的运行效果

继续上节的 Path 路径知识。

当使用一个集合或者 DataView 作为绑定源时，如果想把它默认的元素作为 Path 使用，则需要使用下面的语法：

```
List<string> listInfo = new List<string>() { "Jim","Darren","Jacky"};
textBox1.SetBinding(TextBox.TextProperty, new Binding("/") { Source= listInfo });
textBox2.SetBinding(TextBox.TextProperty, new Binding("/[2]") { Source = listInfo , Mode
    = BindingMode.OneWay });
textBox3.SetBinding(TextBox.TextProperty, new Binding("/Length") { Source = listInfo, Mode
    = BindingMode.OneWay });
```

显示效果如图 5-18 所示。

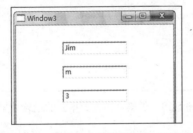

图 5-18　集合作为数据源的运行效果

如果集合中仍然是集合，我们想把子集集合中的元素作为 Path，则可以使用多级斜线的语法（即"一路"斜线下去），例如：

```
InitializeComponent();
List<Contry> infos = new List<Contry>() {
    new Contry() { Name = "中国", Provinces= new List<Province>()
    { new Province()
        { Name="四川",Citys=new List<City>()
            {new City()
                {Name="绵阳市" }
            }
        }
    }
};
this.textBox1.SetBinding(TextBox.TextProperty, new Binding("/Name") { Source=infos});
```

```
        this.textBox2.SetBinding(TextBox.TextProperty, new Binding("/Provinces/Name") { Source = infos });
        this.textBox3.SetBinding(TextBox.TextProperty, new Binding("/Provinces/Citys/Name") { Source = infos });
    }
}
class City
{
    public string Name { set; get; }
}
class Province
{
    public string Name { set; get; }
    public List<City> Citys { set; get; }
}
class Contry
{
    public string Name { set; get; }
    public List<Province> Provinces { get; set; }
}
```

运行效果如图 5-19 所示。

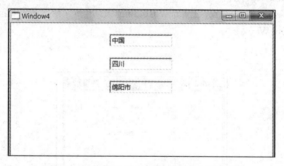

图 5-19　子集合作为数据源的运行效果

5.2.3　使用 Binding 的 RelativeSource

当一个 Binding 有明确的数据来源时，可以通过为 Source 或 ElementName 赋值的办法让 Binding 与之关联。有些时候我们不能确定作为 Source 的对象叫什么名字，但知道它与作为 Binding 目标的对象在 UI 布局上有相对关系，比如控件自己关联自己的某个数据、关联自己某级容器的数据。这时候就要使用 Binding 的 RelativeSource 属性。

为了设置 Binding.RelativeSource 属性，需要使用 RelativeSource 对象。这样除了需要创建一个 Binding 对象之外，还需要在其中创建一个嵌套的 RelativeSource 对象。一种方法是使用属性设置语法，另一种方法是使用 Binding 标记扩展。

例如下面的代码为 TextBlock.Text 属性创建一个 Binding 对象，这个 Binding 对象使用了一个查找父窗口并显示窗口标题的 RelativeSource 对象。

```
<Grid Background="Lavender">
        <TextBox    x:Name="textBox1"    Margin="30">
                <TextBox.Text>
                        <Binding Path="Title">
```

```
                    <Binding.RelativeSource>
                    <RelativeSource Mode="FindAncestor" AncestorType="{x:Type Window}"/>
                    </Binding.RelativeSource>
                </Binding>
            </TextBox.Text>
        </TextBox>
    </Grid>
```

RelativeSource 对象使用 FindAncestor 模式,该模式告知查找元素树直到发现 AncestorType 属性定义的元素类型。

编写绑定更常用的方法是使用 Binding 和 RelativeSource 标记扩展,将其合并到一个字符串中, 如下:

```
<TextBox Margin="30"　x:Name="textBox1"　Text="{Binding Path=Title,
        RelativeSource={RelativeSource FindAncestor,AncestorType={x:Type Window}}}"/>
```

运行效果如图 5-20 所示。

图 5-20　RelativeSource 示例的运行效果

上述示例也可以在后台以 C#代码实现:

```
public MainWindow()
{
    InitializeComponent();
    RelativeSource rsTemp = new RelativeSource(RelativeSourceMode.FindAncestor);
    rsTemp.AncestorType=typeof(Window);
    Binding bind = new Binding("Title") { RelativeSource = rsTemp };
    textBox1.SetBinding(TextBox.TextProperty, bind);
}
```

RelativeSource 类的 Mode 属性的类型是 RelativeSourceMode 枚举,如表 5-4 所示。

表 5-4　RelativeSource 类的 Mode 属性

名称	说明
Self	表达式绑定到同一元素的另一个属性上
FindAncestor	表达式绑定到父元素。WPF 将查找元素树直到发现期望的父元素。为了指定父元素,还必须设置 AncestorType 属性以指示查找父元素的类型。此外,还可以使用 AncestorLevel 属性略过发现的一定数量的特定元素。例如,当在一棵有多级 Grid 嵌套的 UI 元素树中查找时,如果希望绑定到第 3 个 Grid 类型的元素,应当如下设置: AncestorType={x:Type Grid},并且 AncestorLevel=3,从而会略过前两个 Grid 元素。默认情况下,AncestorLevel 属性设置为 1,并且找到第一个匹配的元素时停止查找
PreviousData	表达式绑定到数据绑定列表中的前一个数据项。在一个列表项目中会使用这种模式
TemplateParent	表达式绑定到应用模板的元素。只有当绑定位于一个控件模板或数据模板内部时,这种模式才能工作

在数据绑定中，并不总是可以使用 Source 或 ElementName 属性，一般情况下，源对象和目标对象在不同的标记块中时，就需要使用 RelativeSource 属性进行绑定。绑定到自身或绑定到父元素，甚至在 UI 元素树中从当前元素出发到绑定的父元素之间会有很多代。另外，当创建控件模板和数据模板时会出现这种情况。在 DataTemplate 中会经常用到 Self、PrevData 和 TemplateParent 这 3 个属性。例如，如果正在构建一个改变列表项目显示方式的数据模板，可能需要访问顶级 ListBox 对象以读取属性。

【任务分析】

完成前面的知识准备后，我们来对自定义颜色任务进行分析。

通过移动 4 个 Slider 滑块改变颜色块中的颜色。这里采用 Rectangle 元素显示颜色，用到 Fill 属性。在 WPF 中，对 Fill 属性的颜色填充，尽管 XAML 语言中这样写：

```
<Rectangle   Fill="Red" />
```

但在 MSDN 文档中可以查到，Rectangle.Fill 的类型是 Brush。Brush 是一个抽象类，凡是以 Brush 为基类的类都可以作为 Fill 属性的值。XAML 解析器最终将"Red"这个字符串自动转换成了 SolidColorBrush 对象并赋值给 Rectangle 的 Fill 属性。在本次任务中使用 SolidColorBrush 单色画刷即可。所以在代码实现时，需要在 Rectangle 控件填充颜色时需要用 SolidColorBrush 类型。

在本任务中对颜色的修改包含了 Alpha 值、红色通道、蓝色通道、绿色通道的修改，所以调用 Color.FromArgb(a, r, g, b)方法。自定义一个 MyColor 类，当其属性发生变化时，UI 元素也随之变化，还需要实现 INotifyPropertyChanged 接口。

最后通过本节的内容实现数据绑定。

【任务实施】

（1）新建 WPF 项目，名称为 MyColorBinding。外观设计如图 5-9 所示，主要控件及说明如表 5-5 所示。

表 5-5　任务 5.2 外观设计需要的主要控件及说明

控件类型	控件名称	说明
Grid	grid1	用于生成 2 列的布局
Rectangle	PreviewColor	一个显示颜色的块，变化时可以清晰看到
TextBlock		用于显示提示信息
TextBox	textBox1	用来显示 Slider 变化的值
Slider	AlphaSlider、RedSlider、BlueSlider、GreenSlider	拖动滑块变化，用于改变颜色的值

（2）外观设计。

1）将 Grid 设计成 2 列。代码略。

2）设计 StackPanel 控件，形成 TextBlock 和 Slider 间隔排列，放在第 1 列。代码如下：

```
<StackPanel Grid.Column="0" VerticalAlignment="Center">
    <TextBlock Text="Alpha" FontSize="12" Margin="10"/>
    <Slider x:Name="AlphaSlider" Margin="10" Maximum="255" Value="185" ValueChanged
        ="AlphaSlider_ValueChanged"/>
```

```
        <TextBlock Text="Red" FontSize="12" Margin="10"/>
        <Slider x:Name="RedSlider" Margin="10" Maximum="255" Value="255" ValueChanged
            ="RedSlider_ValueChanged"/>
        <TextBlock Text="Green" FontSize="12" Margin="10"/>
        <Slider x:Name="GreenSlider" Margin="10" Maximum="255" Value="102" ValueChanged
            ="GreenSlider_ValueChanged"/>
        <TextBlock Text="Blue" FontSize="12" Margin="10"/>
        <Slider x:Name="BlueSlider" Margin="10" Maximum="255" Value="0" ValueChanged
            ="BlueSlider_ValueChanged"/>
    </StackPanel>
```

3）新建 Rectangle 控件，放在 Grid 的第 2 列。代码如下：

```
<Rectangle Fill="Red" Grid.Column="1" x:Name="PreviewColor" Margin="10" />
```

（3）自定义类 MyColor，实现 INotifyPropertyChanged 接口，当其属性变化时能够提示
UI 元素自动更新。设计代码如下：

```
public class MyColor : INotifyPropertyChanged
{
    public event PropertyChangedEventHandler PropertyChanged;
    public SolidColorBrush myColorExam;
    public SolidColorBrush MyColorExam
    {
        get {
            return myColorExam;
        }
        set {
            myColorExam = value;
            if (this.PropertyChanged != null)
            {
                this.PropertyChanged.Invoke(this, new PropertyChangedEventArgs("MyColorExam"));
            }
        }
    }
}
```

（4）将自定义类 MyCommand 的对象绑定在 Rectangle 上。代码如下：

```
MyColor myColor = new MyColor();
public MainWindow()
{
    InitializeComponent();
    Binding bind = new Binding();
    bind.Source = myColor;
    bind.Path = new PropertyPath("MyColorExam");
    BindingOperations.SetBinding(this.PreviewColor, Rectangle.FillProperty,bind);
}
```

（5）拖动 Slider 的滑块能够改变颜色值。给 Slider 添加 ValueChanged 事件。以 RedSlider
控件为例，其他代码自行补充。代码如下：

```
<Slider x:Name="RedSlider" Margin="10" Maximum="255" Value="255"
 ValueChanged="RedSlider_ValueChanged"/>
```

（6）以 RedSlider 为例，拖动滑块改变颜色中红色通道的值。修改颜色的值用自定义方法 setColor()方法实现，具体代码如下：

```
byte a=255, r=255, g=255, b=0;
public void setColor(byte a,byte r,byte g,byte b)
{
    myColor.myColorExam = new SolidColorBrush(Color.FromArgb(a,r,g,b));
    myColor.MyColorExam = myColor.myColorExam;
}
private void RedSlider_ValueChanged(object sender, RoutedPropertyChangedEventArgs<double> e)
{
    Slider temp = (Slider)sender;
    r = (byte)temp.Value;
    setColor(a,r,g,b);
}
```

在自定义类 MyCommand 时属性 MyColorExam 定义成 SolidColorBrush 类型，所以此时对颜色属性的修改也要转换成 SolidColorBrush 类型。如上述代码中的：

```
myColor.myColorExam = new SolidColorBrush(Color.FromArgb(a,r,g,b));
```

（7）按 F5 键运行程序。任意拖动 4 个 Slider 的滑块改变其 Value 值，运行效果如图 5-21 所示。

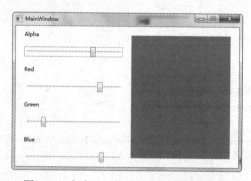

图 5-21　任务 5.2 拖动滑块后的运行效果

【任务小结】

本任务涉及到自定义类作为绑定源的 Binding。对于绑定目标，必须是 WPF 中的 DependencyObject，将数据绑定到其依赖项属性上。而绑定源除了 WPF 元素外，还可以是 CLR 对象、ADO.NET 对象、XML、DependencyObject 等，如图 5-22 所示。

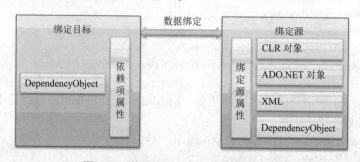

图 5-22　数据绑定的不同类型的数据源

任务 5.3 注册用户的信息查询

【任务描述】

在图书管理系统中，不同的用户拥有不同的权限。因为权限不同，用户以用户名密码登录系统后，所能操作的功能也有不同。本任务是系统的超级管理员查看所有注册用户，在显示的信息中可以查看到不同用户的权限级别和带条件查询，如图 5-23 所示。

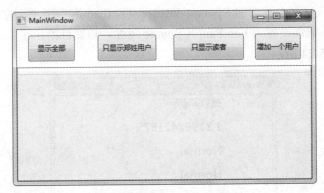

图 5-23 任务 5.3 的运行效果

【知识准备】

5.3.1 使用 DataContext 作为数据源

前面的例子都是把单个的 CLR 对象作为 Binding 的源，方法有两种：把对象赋值给 Binding.Source 属性或者把对象的 Name 赋值给 Binding.ElementName 属性。DataContext 被定义在 FrameWorkElement 类中，这个类是 WPF 控件的基类，这意味着所有的 WPF 控件包括布局控件都包含这个 DataContext 属性。这一点非常重要，因为当一个 Binding 只知道自己的 Path 而不知道自己的源时，它会沿着树一路向树的根部找过去，每经过一个节点都要查看这个节点的 DataContext 属性是否具有 Path 所指定的属性。如果有，就把这个对象作为自己的 Source；如果没有，就继续找下去；如果到树的根部还没有找到，那这个 Binding 就没有 Source，因而也不会得到数据。如果有大量数据来源于同一数据结构（如数据库的同一个表）或同一个类等情况下，使用 DataContext 就非常方便；如果源对象之间没什么关系，DataContext 就不会有什么优势。

由于每个 WPF 控件都含有 DataContext 属性，把 DataContext 指定为 Source，WPF 从元素树中查找第一个非空的，常在高层容器中设置 DataContext 属性，使得所有的子对象可以共享一个绑定源。

DataContext 常用于：如果不能确定 Binding 从哪里获取数据，只知道路径 Path 的话，Binding 就会一直沿着控件树往根的方向找下去，从而找到含有 Path 的元素的 DataContext 作为源。

让我们看看下面的例子：

```
<StackPanel DataContext="{x:Static SystemFonts.IconFontFamily}" Width="200" Height="250">
```

```
<TextBlock Text="{Binding  Path=Source}"></TextBlock>
<TextBlock Text="{Binding Path=LineSpacing}"/>
<TextBlock Text="{Binding Path=FamilyTypefaces[0].Style}"/>
<TextBlock Text="{Binding Path=FamilyTypefaces[0].Weight}"/>
</StackPanel>
```

在这里给 StackPanel 添加 DataContext 属性是合适的，因为下面的 TextBlock 需要而且这是 TextBlock 最近的上级。x:Static 是一个很常用的标记扩展，它的功能是在 XAMl 文档中使用数据类型的 static 成员。因为 XAML 不能编写逻辑代码，所以使用 x:Static 访问的都是 static 成员，其后跟着的一定是数据类型的静态属性或字段。

这个绑定表达式获取由静态的 SystemFonts.IconFontFamily 属性提供的 FontFamily 对象，然后将 Binding.Path 属性设置为 FontFamily.Source 属性，该属性给出了字体家族的名称。

运行效果如图 5-24 所示。

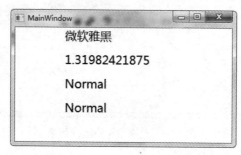

图 5-24　绑定 StatckPanel 控件的 DataContext 数据源

当想绑定自定义类的对象到某个控件的 DataContext 属性时，用 XAML 和 C#都可以实现。再来看一个例子，赋值 DataContext 用 XAML 实现。

（1）创建一个名为 Student 的类，它具有 ID、Name、Sex 三个属性：

```
public class Student
{
    public int Id { get; set; }
    public string Name { get; set; }
    public string Sex { get; set; }
}
```

（2）在 XAML 中建立 UI 界面，代码如下：

```
<StackPanel>
    <StackPanel.DataContext>
        <local:Student Id="1" Name="郑佳" Age="20"/>
    </StackPanel.DataContext>
    <Grid>
        <StackPanel Name="stackPanel1">
            <TextBox Height="23" Name="textBox1" Width="120" Margin="15"/>
            <TextBox Height="23" Name="textBox2" Width="120" Margin="15" />
            <TextBox Height="23" Name="textBox3" Width="120" Margin="15"/>
        </StackPanel>
    </Grid>
</StackPanel>
```

（3）在 WPF 中，使用 xmlns 声明命名空间前缀，通过命名空间可以使用其空间内的类。

本例中使用的是当前命名空间的自定义类，一般情况下声明为 local 命名空间前缀。在 <Window>的属性中，通过 xmlns:local="clr-namespace:WpfApplication1"就可以在 XAML 中使用在 C#中定义的类。使用时，自定义的类前面加上 local 命名空间前缀。代码如下：

```
<StackPanel.DataContext>
    <local:Student Id="1" Name="郑佳" Age="20"/>
</StackPanel.DataContext>
```

通过上述代码，为外层 StackPanel 的 DataContext 进行了赋值——它是一个 Student 对象。 3 个 TextBox 通过 Binding 获取值，但只为 Binding 指定了 Path，没有指定 Source。代码如下：

```
<TextBox Height="23" Name="textBox1" Width="120" Margin="15" Text="{Binding Path=Id}"/>
<TextBox Height="23" Name="textBox2" Width="120" Margin="15" Text="{Binding Path=Name}"/>
<TextBox Height="23" Name="textBox3" Width="120" Margin="15" Text="{Binding Path=Sex}"/>
```

简写成这样也可以：

```
<TextBox Height="23" Name="textBox1" Width="120" Margin="15" Text="{Binding Id}"/>
<TextBox Height="23" Name="textBox2" Width="120" Margin="15" Text="{Binding Name}"/>
<TextBox Height="23" Name="textBox3" Width="120" Margin="15" Text="{Binding Sex}"/>
```

这样 3 个 TextBox 就会沿着 UI 元素树向上寻找可用的 DataContext 对象。运行效果如图 5-25 所示。

图 5-25　Context 为自定义类对象的示例的运行效果

上例也可以用 C#代码对 UI 元素的 DataContext 进行赋值，代码如下：

```
Student stu = new Student() {
    Id=2,Name="郑小佳",Sex="女"
};
public MainWindow()
{
    InitializeComponent();
    this.stackPanel1.DataContext = stu;
}
```

在前台将 XAML 代码的 Context 赋值语句删掉，运行程序，如图 5-26 所示。

图 5-26　用 C#方式为 Context 赋值的运行效果

前面在学习 Binding 路径的时候，当 Binding 的 Source 本身就是数据、不需要使用属性来暴露数据时，Binding 的 Path 可以设置为 "."，亦可省略不写。现在当某个 DataContext 为简单类型对象时，Source 也可以省略不写了，这样我们完全可能看到一个既没有 Path 又没有 Source 的 Binding：

```
<Window x:Class="WpfApplication1.MainWindow"
        xmlns="http://schemas.microsoft.com/winfx/2006/xaml/presentation"
        xmlns:x="http://schemas.microsoft.com/winfx/2006/xaml"
        xmlns:localStr="clr-namespace:System;assembly=mscorlib"
        Title=" MainWindow " Height="300" Width="400">
<Grid>
    <Grid.DataContext>
            <localStr:String>现在我是简单类型的对象，我是郑佳</localStr:String>
    </Grid.DataContext>
    <StackPanel>
        <TextBlock Height="30" FontSize="18" HorizontalAlignment="Left" Margin="15" Name
                ="textBlock1" Text="{Binding}" />
        <TextBlock Height="30" FontSize="18" HorizontalAlignment="Left" Margin="15" Name
                ="textBlock2" Text="{Binding}"    />
    </StackPanel>
</Grid>
```

运行效果如图 5-27 所示。

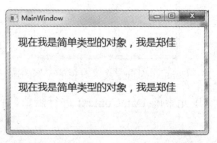

图 5-27   省略 Path 的示例的运行效果

5.3.2   使用集合对象作为列表控件的 ItemsSource

ItemsControl 对象（如 ListBox、ListView 或 TreeView）通过设置其 ItemsSource 属性来实现数据绑定。为了支持集合绑定，ItemsControl 类定义了 3 个重要属性，如表 5-6 所示。

表 5-6   ItemsControl 类的 3 个属性

名称	说明
ItemsSource	指向一个集合，该集合包含将在列表中显示的所有对象
DisplayMemberPath	确定用于为每个项创建显示文本的属性
ItemTemplate	接受一个数据模板，用于为每个项创建可视化外观。这个属性比 DisplayMemberPath 属性的功能更强大

尽管看起来 WPF 只提供了少数几个列表控件，但是实际上可以使用这些控件以任意不同的方式显示数据。这是因为列表控件支持数据模板，通过数据模板可以完全控制数据项的显示

方式。

　　要显示数据集合，数据源使用 ObservableCollection<T> 或一个现有的集合类，如 List<T>、Collection<T>和 BindingList<T>等。

　　ObservableCollection<T>类是公开 INotifyCollectionChanged 接口的数据集合的内置实现。为了完全支持将数据值从源对象传送到目标，支持可绑定属性的集合中的每个对象还必须实现 INotifyPropertyChanged 接口。

　　绑定到集合数据源，原则上说只需要实现 IEnumerable 接口的类型均可以作为集合数据源进行数据绑定。例如下例，我们定义一个学生类（StudentInfo）和一个学生集合类（继承 ObservableCollection<StudentInfo>类），在集合类中添加若干学生的信息。

　　（1）自定义类 StudentInfo，使用了 InotifyProperChanged 接口。

```
public class StudentInfo : INotifyPropertyChanged
{
    private int studentID;
    private string studentName;
    private double score;
    private string headerImage;
    public event PropertyChangedEventHandler PropertyChanged;
    private void Notify(string propertyName)
    {
        if (PropertyChanged != null)
        {
            PropertyChanged(this, new PropertyChangedEventArgs(propertyName));
        }
    }
    public int StudentID
    {
        set {
            if (value != studentID)
            {
                studentID = value;
                Notify("StudentID");
            }
        }
        get{
            return studentID;
        }
    }
    public string StudentName
    {
        set{
            if (value != studentName)
            {
                studentName = value;
                Notify("StudentName");
            }
        }
```

```
                get{
                        return studentName;
                    }
            }
        public double Score
        {
            set{
                    if (value != score)
                     {
                            score = value;
                            Notify("Score");
                        }
                }
            ge{
                    return score;
                }
        }
        public string HeaderImage
        {
            set {
                    if (value != headerImage)
                    {
                        headerImage = value;
                        Notify("HeaderImage");
                    }
                }
            get {
                    return headerImage;
                }
        }
        public override string ToString()
        {
            return string.Format(
            "Student ID is {0},Name is {1},Score is {2},Header Image File Name is {3}.",
            StudentID, StudentName, Score, HeaderImage);
        }
    }
}
```

注意，此时用到了 INotifyPropertyChanged 接口，所以对其解析时要使用：

```
using System.ComponentModel;
```

（2）自定义集合类 StudentInfoCollection，使用了 ObservableCollection<T>泛型类。

```
public class StudentInfoCollection : ObservableCollection<StudentInfo>
{
    public StudentInfoCollection()
    {
        Random ran = new Random();
        for (int i = 1; i <= 9; i++)
```

```
        {
            int id = i;
            string name = string.Format("Student {0}", (char)(96 + i));
            double score = Math.Round((ran.NextDouble() * 40 + 60), 2);
            string image = string.Format("Images/Image{0}.jpg", i);
            StudentInfo info = new StudentInfo()
            {
                StudentID = id,
                StudentName = name,
                Score = score,
                HeaderImage = image
            };
            Add(info);
        }
    }
}
```

注意，此时用到了 ObservableCollection<T> 泛型类，所以对其解析时要使用：

```
using System.Collections.ObjectModel;
```

泛型类使用的是 StudentInfo 类，所以还需要解析：

```
using MyBindingCollection;
```

（3）利用 DataContext 将集合绑定在 UI 元素上。

1）将集合绑定到文本框。

利用 DataContext 将集合作为数据源绑定到文本框上。

①设计窗体外观。主要控件及说明如表 5-7 所示。

表 5-7　文本框绑定到集合数据源的示例所用到的主要控件及说明

控件类型	控件名称	说明
Grid	grid1	其 DataContext 用来绑定数据源
TextBlock		用于显示提示信息
TextBox		通过 Binding，用于显示学生的具体信息
StatckPanel		用来布局 4 个按钮
Button	btnFirst、btnPre、btnNext、btnLast	用于数据导航的功能，单击按钮，实现显示对应的学生信息
Image		用于显示头像

外观设计的具体代码略。

②利用 DataContext 绑定数据源。

```
public MainWindow()
{
    InitializeComponent();
    StudentInfoCollection newCollection = new StudentInfoCollection();
    grid1.DataContext = newCollection;
}
```

正如之前所讲，对 DataContext 赋值，也可以在 XAML 中进行。不过如果这样，则需要

xmlns 声明命名空间。在控件的 DataContext 中声明 StudentInfoCollection 的 key 属性。

③各控件绑定的实现。代码简写为：

```
<TextBox    Text="{Binding Path=StudentID}" />
            <TextBox Text="{Binding Path=StudentName}" />
            <TextBox Text="{Binding Path=Score}" />
            <Image Source="{Binding Path=HeaderImage}" />
```

④按 F5 键运行程序，运行效果如图 5-28 所示。

图 5-28　集合作为数据源的示例的运行效果

从程序的执行结果来看，将集合绑定到类似于文本框这类控件上时，默认显示的是集合中的第一个元素。如果需要更改当前显示的元素，可以使用集合视图（CollectionView）对象。

2）集合视图。

一旦 ItemsControl 绑定到数据集合，如果希望对数据进行排序、筛选、分组等操作，可以使用集合视图 CollectionViewSource 类，这是实现 ICollectionView 接口的类。集合视图 CollectionViewSource 类的 Source 属性绑定到数据集合类。

ItemsControl 对象的 ItemsSource 属性绑定到集合视图 CollectionViewSource 类，视图的操作可通过 CollectionViewSource 类的 View 属性实现。如将 ItemsSource 直接绑定到数据集合，WPF 会根据数据集合的数据类型绑定到其默认视图。对应不同的集合，可以使用不同的 CollectionView：

- IEnumerable：对应 CollectionView 的内部类型。
- IList：对应 ListCollectionView。
- IBindingList：对应 BindingListCollectionView。

若要获取默认视图，使用 GetDefaultView 方法即可。WPF 中的集合与集合视图类似于 DataSet 中的 DataTable 与 DataView 的关系，集合视图用来提供一些绑定到集合数据源的辅助的功能，例如"指针"、筛选等功能，其继承结构如图 5-29 所示。

要获取集合对应的集合视图可以通过 CollectionViewSource 类进行操作，例如上例中，实现 4 个按钮的单击操作，以完成对数据的导航。在给按钮添加 Click 事件时，可以给每个按钮添加相同的 Click 事件，名称为 btnButtonOnClick。

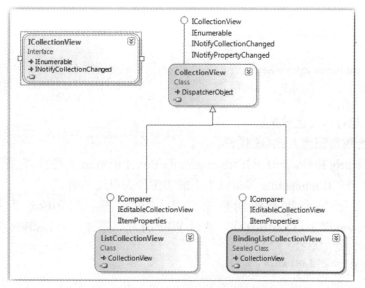

图 5-29　CollectionView 的继承结构

```
private void btnButton_Click(object sender, RoutedEventArgs e)
{
    //获取集合数据源
    StudentInfoCollection source = (StudentInfoCollection)(this.grid1.DataContext);
    //获取集合视图
    ICollectionView view = CollectionViewSource.GetDefaultView(source);
    //确定单击的按钮
    Button btn = (Button)(e.Source);
    //实现数据导航
    switch (btn.Content.ToString())
    {
        case "第一条":
            view.MoveCurrentToFirst();
            break;
        case "上一条":
            view.MoveCurrentToPrevious();
            break;
        case "下一条":
            view.MoveCurrentToNext();
            break;
        case "最后条":
            view.MoveCurrentToLast();
            break;
    }
    //处理按钮状态
    btnPre.IsEnabled = true;
    btnNext.IsEnabled = true;
    if (view.CurrentPosition == 0)
    {
        btnPre.IsEnabled = false;
```

```
        }
        if (view.CurrentPosition == source.Count - 1)
        {
            btnNext.IsEnabled = false;
        }
}
```

单击按钮，观看其变化效果。

3）绑定集合数据源到 ListBox 控件。

对于 ItemsControl 控件，类似于 ListBox、ComboBox、ListView 等控件，它有一个 ItemsSource 属性，可以接受一个 IEnumerable 接口派生类的实例作为自己的值。

可以直接显示集合数据源的所有元素，在这里以 ListBox 为例，将前面的 StudentInfoCollection 绑定到 ListBox 上。更改 WPF 外观，添加一个 ListBox 控件。

```
<StackPanel>
    <ListBox x:Name=listBox1 />
</StackPanel>
```

将 StudentInfoCollection 类的对象绑定到 ItemsSource 上。

```
StudentInfoCollection newCollection = new StudentInfoCollection(); listBox1.ItemsSource = newCollection;
```

运行程序，查看效果如图 5-30 所示。

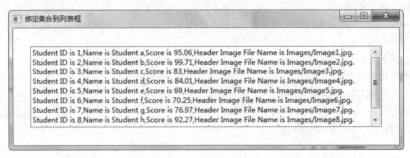

图 5-30　ListBox 绑定集合数据源的示例的运行效果

默认情况下，在 ListBox 中每一项显示的内容为集合元素类型的 ToString 字符串，用户可以自定义 Convertor 或覆盖 ToString 方法达到更改显示内容的目的。

还可以在绑定时指定 ListBox 每一项显示的属性名（DisplayMemberPath）及内部保存的属性（SelectedValuePath），类似于 Windows 应用程序 ListBox 绑定时的 DisplayMember 和 ValueMember。

对 listBox1 的 DisplayMemberPath 属性赋值为 StudentName，对 SelectedValuePath 属性赋值为 StudentID，添加 OnChanged 事件。代码如下：

```
<ListBox x:Name="listBox1" Margin="30" DisplayMemberPath="StudentName" SelectedValuePath
    ="StudentID" SelectionChanged="OnChanged"/>
```

单击 ListBox 条目项时弹出对话框显示当前选择的学生信息，代码如下：

```
private void OnChanged(object sender, SelectionChangedEventArgs e)
{
    int i = (int) (listBox1.SelectedValue);
    MessageBox.Show("您选择了学号为"+i+" 的学生信息！");
}
```

运行程序，效果如图 5-31 所示。

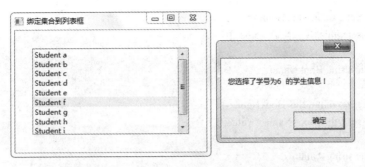

图 5-31　给 ListBox 添加 DisplayMemberPath 的运行效果

在此例中还可以将 ObservableCollection<T>直接换成 List<T>，修改后查看它们之间有什么区别。当对 ObservableCollection<T>创建的对象修改后，UI 元素能更新数据显示出来，而 List<T>则没有此效果。因为 ObservableCollection<T>实现了 INotifyColletionChanged 接口，能把集合的变化立即显示给控件。

再来看一个例子，加深我们对数据绑定知识的理解。在图书管理系统中，当对图书进行浏览、添加、删除等操作时，可以采用如图 5-32 所示的工作界面。程序初始运行，ListBox 显示 3 条已经存在的记录。选中 ListBox 项，在下面的文本框中显示各属性的值，或者单击"删除"按钮删除这条记录；单击"上一条"按钮和"下一条"按钮，可以依次显示 ListBox 的每条记录；当在各文本框中填入图书相关信息后可单击"添加"按钮将信息作为新的记录添加进 BookList，并在 ListBox 中显示出来。新建 WPF 项目来完成程序功能。

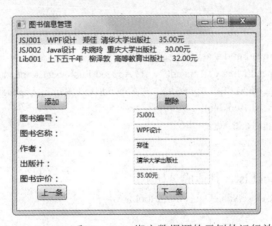

图 5-32　ListBox 和 TextBox 绑定数据源的示例的运行效果

具体实现步骤如下：

①新建一个描述图书信息的类 BookInfo，具体成员如下：

```
public class BookInfo
{
    private string BookNo;          //图书编号
    private string BookName;        //图书名称
    private string author;          //作者
    private string publisher;       //出版社
    private string money;           //定价，这里为了演示，没有实现 double 类型
    public string BookNo
    {
```

```
                get { return this.BookNo;   }
                set { this.BookNo = value; }
            }
        public string BookName
            {
                get { return this.BookName; }
                set { this.BookName = value; }
            }
        public string Author
            {
                get { return this.author; }
                set { this.author = value; }
            }
        public string Publisher
            {
                get { return this.publisher; }
                set { this.publisher = value; }
            }
        public string Money
            {
                get { return this.money; }
                set { this.money = value; }
            }
        public override string ToString()
            {
                StringBuilder build = new StringBuilder();
                build.Append(Money).Append("   ").Append(Publisher).Append("    ")
                    .Append(Author).Append("   ").Append(BookName).Append("      ")
                    .Append(BookNo);
                return build.ToString();
            }
        }
    }
```

一个图书列表类 BookList，具体成员如下：

```
public class    BookList : ObservableCollection<BookInfo>
{
    public BookList()
    { }
}
```

注意需要 using System.Collections.ObjectModel;解析 ObservableCollection。

②为了在前台可以使用后台创建的类，需要引入当前项目所在的命名空间。

```
<Window x:Class="WpfApplication1.MainWindow"
        xmlns="http://schemas.microsoft.com/winfx/2006/xaml/presentation"
        xmlns:x="http://schemas.microsoft.com/winfx/2006/xaml"
        xmlns:local="clr-namespace:WpfApplication1"
        Title="图书信息管理" Height="350" Width="525">
```

③创建 BookList 的实例，初始包含 3 条记录，写到 Window 的资源里。

```
<Window.Resources>
```

```
        <local:BookList x:Key="booklist">
            <local:BookInfo BookNo="JSJ001" BookName="WPF 设计" Author="郑佳" Publisher
                ="清华大学出版社" Money="35.00 元"/>
            <local:BookInfo BookNo="JSJ002" BookName="Java 设计" Author="朱婉玲" Publisher
                ="重庆大学出版社" Money="30.00 元"/>
            <local:BookInfo BookNo="Lib001" BookName="上下五千年" Author="柳泽敦" Publisher
                ="高等教育出版社" Money="32.00 元"/>
        </local:BookList>
    </Window.Resources>
```

④数据绑定到 Grid 的 DataContext 属性。

```
<Grid DataContext="{StaticResource ResourceKey=booklist}">
```

⑤窗体外观设计如图 5-32 所示，各文本框绑定数据源，主要代码如下：

```
<Grid DataContext="{StaticResource ResourceKey=booklist}">
        <Grid.ColumnDefinitions>
            <ColumnDefinition Width="120"/>
            <ColumnDefinition Width="*"/>
        </Grid.ColumnDefinitions>
        <Grid.RowDefinitions>
            <RowDefinition Height="100"/>
            <RowDefinition Height="25"/>
            <RowDefinition Height="25"/>
            <RowDefinition Height="25"/>
            <RowDefinition Height="25"/>
            <RowDefinition Height="25"/>
            <RowDefinition Height="25"/>
            <RowDefinition Height="25"/>
        </Grid.RowDefinitions>
        <ListBox x:Name="list1" Grid.Column="0" Grid.Row="0" Grid.ColumnSpan="2" ItemsSource
            ="{Binding}" IsSynchronizedWithCurrentItem="True"/>
        <Label Content="图书编号：" FontSize="14" Grid.Row="2" Grid.Column="0"/>
        <TextBox Name="txtBookNo" FontSize="10" Width="130" Grid.Row="2" Grid.Column="1" Text
            ="{Binding BookNo}"/>
        <Label Content="图书名称：" FontSize="14" Grid.Row="3" Grid.Column="0"/>
        <TextBox Name="txtBookName" FontSize="10" Width="130" Grid.Row="3" Grid.Column="1"
            Text="{Binding BookName}"/>
        <Label Content="作者：" FontSize="14" Grid.Row="4" Grid.Column="0"/>
        <TextBox Name="txtAuthor" FontSize="10" Width="130" Grid.Row="4" Grid.Column="1" Text
            ="{Binding Author}"/>
        <Label Content="出版社：" FontSize="14" Grid.Row="5" Grid.Column="0"/>
        <TextBox Name="txtPublisher" FontSize="10" Width="130" Grid.Row="5" Grid.Column="1" Text
            ="{Binding Publisher}"/>
        <Label Content="图书定价：" FontSize="14" Grid.Row="6" Grid.Column="0"/>
        <TextBox Name="txtMoney" FontSize="10" Width="130" Grid.Row="6" Grid.Column="1" Text
            ="{Binding Money}"/>
        <Button Name="btnPre" Width="50" Grid.Row="7" Grid.Column="0" Content="上一条" Click
            ="OnPreviouse"/>
        <Button Name="btnNext" Width="50" Grid.Row="7" Grid.Column="1" Content="下一条" Click
```

```
                                     ="OnNext"/>
                    <Button Name="btnADD" Width="50" Grid.Row="1" Grid.Column="0" Content="添加" Click
                        ="OnAdd"/>
                    <Button Name="btnDel" Width="50" Grid.Row="1" Grid.Column="1" Content="删除" Click
                        ="OnDel"/>
                </Grid>
```

ListBox 控件的继承层次结构如图 5-33 所示。

```
System.Windows.Controls.Control
  System.Windows.Controls.ItemsControl
    System.Windows.Controls.Primitives.Selector
      System.Windows.Controls.ComboBox
      System.Windows.Controls.ListBox
      System.Windows.Controls.TabControl
```

图 5-33   ListBox 的继承结构

Selector 类型的控件都具有 IsSynchronizedWithCurrentItem 属性，指示 Selector 类型控件是否应当使 SelectedItem 与 Items 属性中的当前项保持同步的值。如果 SelectedItem 始终与 ItemCollection 中的当前项保持同步，则为 True；如果 SelectedItem 从不与当前项保持同步，则为 False；如果 SelectedItem 只有在 Selector 使用 CollectionView 时才与当前项保持同步，则为 null。默认值为 null。

⑥ "上一条" 按钮添加 Click 事件，主要代码如下：

```
private void OnPreviouse(object sender, RoutedEventArgs e)
{
    BookList booklistTemp = this.FindResource("booklist") as BookList;
    ICollectionView view = CollectionViewSource.GetDefaultView(booklistTemp);
    view.MoveCurrentToPrevious();
    if (view.IsCurrentBeforeFirst)
    {
        view.MoveCurrentToFirst();
    }
}
```

DefaultView 属性是一个 DataView 类型的对象，DataView 类实现了 IEnumerable 接口，所以可以被赋值为 ListBox.ItemsSource 属性。

同样，"下一条" 按钮添加 Click 事件，主要代码如下：

```
private void OnNext(object sender, RoutedEventArgs e)
{
    BookList booklistTemp = this.FindResource("booklist") as BookList;
    ICollectionView view = CollectionViewSource.GetDefaultView(booklistTemp);
    view.MoveCurrentToNext();
    if (view.IsCurrentAfterLast)
    {
        view.MoveCurrentToLast();
    }
}
```

⑦ "添加" 按钮添加 Click 事件，主要代码如下：

```
private void OnAdd(object sender, RoutedEventArgs e)
{
```

```
        BookList booklistTemp = this.FindResource("booklist") as BookList;
        BookInfo info = new BookInfo();
        info.BookNo = this.txtBookNo.Text;
        info.BookName = this.txtBookName.Text;
        info.Author = this.txtAuthor.Text;
        info.Publisher = this.txtPublisher.Text;
        info.Money = this.txtMoney.Text;
        booklistTemp.Add(info);
        ICollectionView view = CollectionViewSource.GetDefaultView(booklistTemp);
        view.MoveCurrentToLast();
}
```

⑧ "删除"按钮添加 Click 事件，主要代码如下：

```
private void OnDel(object sender, RoutedEventArgs e)
{
        BookList booklistTemp = this.FindResource("booklist") as BookList;
        ICollectionView view = CollectionViewSource.GetDefaultView(booklistTemp);
        booklistTemp.Remove(view.CurrentItem as BookInfo);
        view.MoveCurrentToNext();
        if (view.IsCurrentAfterLast)
        {
                view.MoveCurrentToLast();
        }
}
```

⑨按 F5 键运行程序。在文本框中添加新的图书信息，单击 "添加" 按钮，实现添加功能，运行效果如图 5-34 所示。

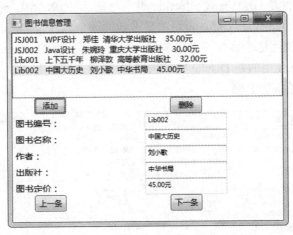

图 5-34　添加按钮事件后的示例的运行效果

如上例，我们还可以继续修改。在显示图书信息列表时使用 ListView 控件。前面已经知道，在 ListBox 中的项都是同一类型，所以还可以用到下面 3 个属性：

● DisplayMemberPath：这是 ItemsControl 的属性，可以绑定要显示的属性名称。
● SelectedValuePath：来自 Selector 类，用来设置要表示的 Item 值的属性的名称。
● SelectedValue：获取由 SelectedValuePath 表示的 Item 的属性值。

如 DisplayMemberPath=Name，SelectedValuePath=Value，则在 ListBox 中界面显示的是 Itme

的 Name 属性，但我们通过 SelectedValue 获取的却是 Item 的 Value 属性。

ListView 是 ListBox 的派生类，只增加了 View 属性。如果你没有设置 View 属性，ListView 行为正如 ListBox。但是对于 Deitails 视图来说，因为它需要多列和列标题。在这种情况下就需要 ListView 控件。

```xml
<ListView x:Name="listview1"    Grid.Column="0" Grid.Row="0" Grid.ColumnSpan="2"
    ItemsSource="{Binding}" IsSynchronizedWithCurrentItem="True">
        <ListView.View>
            <GridView>
                <GridViewColumn Header="图书编号" Width="80" DisplayMemberBinding
                    ="{Binding BookNo}"/>
                <GridViewColumn Header="图书名称" Width="80" DisplayMemberBinding
                    ="{Binding BookName}"/>
                <GridViewColumn Header="作者" Width="80" DisplayMemberBinding
                    ="{Binding Author}"/>
                <GridViewColumn Header="出版社" Width="80" DisplayMemberBinding
                    ="{Binding Publisher}"/>
                <GridViewColumn Header="图书定价" Width="80" DisplayMemberBinding
                    ="{Binding Money}"/>
            </GridView>
        </ListView.View>
    </ListView>
```

ListView 是 ListBox 的派生类，而 GridView 是 ViewBase 的派生类，ListView 的 View 属性是一个 ViewBase 类型的对象，所以 GridView 可以作为 ListView 的 View 来使用而不能当作独立的控件来使用。目前 ListView 的 View 属性只有一个 GridView 可用。GridView 的内容属性是 Columns，这个属性是 GridViewCollection 类型对象。因为 XAML 支持对内容属性的简写，所以省略了这次标签。GridViewColumn 对象最重要的一个属性是 DisplayMemberBinding（类型为 BindingBase），使用这个属性可以指定这一列使用什么样的 Binding 去关联数据。这与 ListBox 不同，ListBox 使用的是 DisplayMemberPath 属性（类型为 string）。运行效果如图 5-35 所示，单击按钮运行效果如上例。

图 5-35   ListView 绑定数据源的示例的运行效果

最后特别提醒大家一点：在使用集合类型作为列表控件的 ItemsSource 时一般会考虑使用

ObservableCollection<T>，因为 ObservableCollection<T>类实现了 INotifyCollectionChanged 和 INotifyPropertyChanged 接口，能把集合的变化立即通知显示它的列表控件，改变会立刻显示出来。

【任务分析】

完成前面的知识准备后，我们来对利用 LINQ 查询已经注册的读者信息任务进行分析。

自 3.0 版开始，.NET Framework 开始支持 LINQ（Language-Integrated Query，语言集成查询）。使用 LINQ，可以方便地操作集合对象、DataTable 对象和 XML 对象，而不必把好几次 foreach 循环嵌套在一起却只是完成一个很简单的任务。这里暂不操作数据库，我们假设已经获得了一个数据表 tb_user 的所有信息。其数据内容如表 5-8 所示。

表 5-8　数据表 tb_user 的记录信息

userType	name	sex	tel
1	郑佳	女	1331144
1	柳泽敦	男	1364411
2	朱婉玲	女	1343456
3	周瑜	男	1316543

其中 userType 表示用户的权限。我们用 List<T>模拟这张表来完成实验。

【任务实施】

（1）创建 WPF 项目，名称为 UserListWin。创建这次任务的窗体外观，代码如下：

```
<Grid>
        <Grid.RowDefinitions>
            <RowDefinition Height="1*"/>
            <RowDefinition Height="3*"/>
        </Grid.RowDefinitions>
        <StackPanel Orientation="Horizontal" >
            <Button Content="显示全部" Click="OnClicked" Width="80" Margin="20,10"/>
            <Button Content="只显示郑姓用户" Click="OnClicked" Width="100" Margin="20,10"/>
            <Button Content="只显示读者" Click="OnClicked" Width="120" Margin="10,10"/>
            <Button x:Name="btnAdd" Content="增加一个用户" Margin="10"/>
        </StackPanel>
        <DataGrid x:Name="dataGrid1" Grid.Row="1"/>
    </Grid>
```

当按钮的个数较少且功能较简单时可以给按钮添加相同的 Click 事件，名字为 OnClicked。

（2）创建 UserInfo 类，描述数据表中的行。

```
public class UserInfo
{
    public int UserID{get;set;}
    public string UserName{get;set;}
    public string UserSex{get;set;}
    public string UserTel{get;set;}
```

```
}
```

注意，我们最终实现的是 List<UserInfo>的实例，生成集合数据。

只有 UI 元素绑定自定义类，对类的修改需要直接通知 UI 元素更新时，才要在自定义类的设计时实现 InotifyProperChanged 接口，而且要解析 INotifyPropertyChanged 接口。

```
using System.ComponentModel;
```

（3）创建 List<T>的实例，描述整张数据表。

```
List<UserInfo> userList=new List<UserInfo>()
{
  new UserInfo(){UserID=1,UserName="郑佳",UserSex="女",UserTel="1311144"},
    new UserInfo(){UserID=1,UserName="柳泽敦",UserSex="男",UserTel="1364411"},
    new UserInfo(){UserID=2,UserName="朱婉玲",UserSex="女",UserTel="1343456"},
    new UserInfo(){UserID=3,UserName="周瑜",UserSex="男",UserTel="1316543"},
};
```

（4）绑定数据源在 DataGrid 控件的 DataContext 上。

```
dataGrid1.ItemsSource = userList;
```

（5）实现单击按钮的处理功能，OnClicked 处理方法的代码如下：

```
private void OnClicked(object sender, RoutedEventArgs e)
{
    Button btn = (Button)(e.Source);
    switch (btn.Content.ToString())
    {
        case "显示全部":
            dataGrid1.ItemsSource = from t in userList
                                        select t;
            break;
        case "只显示郑姓用户":
            dataGrid1.ItemsSource = from t in userList
                                        where t.UserName.StartsWith("郑")
                                        select t;
            break;
        case "只显示读者":
            dataGrid1.ItemsSource = from t in userList
                                        where t.UserID == 1
                                        select t;
            break;
        case "增加一个用户":
            UserInfo userTemp = new UserInfo() {
            UserID=1,UserName="刘欣",UserSex="女",UserTel="1333333"
            };
            userList.Add(userTemp);
            break;
    }
}
```

这里用到了 LINQ，基本语法为：

```
from  temp  in  …  where  逻辑表达式  select  temp;
```

（6）按 F5 键运行程序，运行效果如图 5-36 至图 5-38 所示。

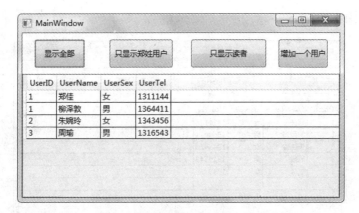

图 5-36　显示全部功能的运行效果

图 5-37　只显示郑姓用户功能的运行效果

图 5-38　只显示读者功能的运行效果

但是当单击"增加一个用户"按钮时，并没有在 DataGrid 中增加新的用户。直接在代码中将 List 换成 ObservableCollection，再单击按钮时即可查看到变化情况。原因是 ObservableCollection 是动态数据集合并且当集合中新增、修改或者删除项目时，或者集合被刷新时，都有通知机制（通过实现接口 INotifyCollectionChanged）。ObservableCollection<T>能把集合的变化立即显示给控件。代码编写时还要解析 ObservableCollection<T>类。

```
using System.Collections.ObjectModel;
```

运行效果如图 5-39 所示。

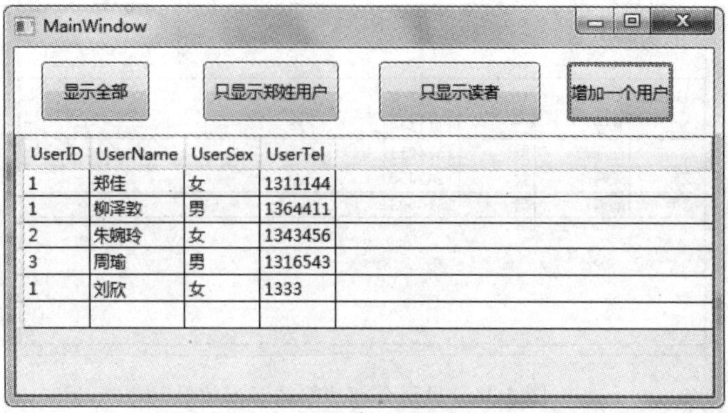

图 5-39 增加一个用户功能的运行效果

【任务小结】

要定义和使用一个集合类，需要：

（1）定义扩展了 ObserveabeCollectin<T>的类。例如：

```
class StudentInfoCollection : ObservableCollection<StudentInfo>
{
    …
    StudentInfo info = new StudentInfo()
    {
        StudentID = id,
        StudentName = name,
        Score = score,
        HeaderImage = image
    };
    Add(info);
}
```

（2）根据不同的控件绑定数据源。

```
StudentInfoCollection newCollection = new StudentInfoCollection();
grid1.DataContext = newCollection;          //Grid 控件
listBox1.ItemsSource = newCollection;       //ListBox 控件
```

任务 5.4 注册信息入库

【任务描述】

本任务简单实现注册功能。在输入用户名、密码时都要经过数据验证，代表数据是合法的。用户名内容不能为空；密码内容不能为空，且密码长度在 4～14 个字符之间。当数据不符合要求时，给出提示信息；当数据合法时，单击"注册"按钮，弹出一个对话框，显示通过验证后的注册信息；单击"取消"按钮退出程序。运行效果如图 5-40 所示。

图 5-40　任务 5.4 的运行效果

【知识准备】

5.4.1　数据验证概述

在用户通过界面输入信息时，出于安全及效率等因素考虑，常常需要确保这些输入信息符合要求，数据验证就是为此而提供的。通过它可以自动检查被验证数据的正确性。

需要记住一点，Binding 认为从数据源出去的数据都是正确的，所以不进行校验；只有从数据目标回传的数据才有可能是错误的，需要校验。

在 WPF 应用程序中实现数据验证功能时，最常用的办法是将数据绑定与验证规则关联在一起。对于绑定数据的验证，系统采用如图 5-41 所示的机制。

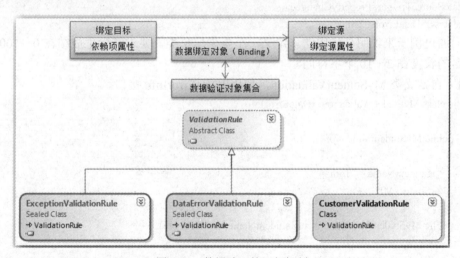

图 5-41　数据验证的运行机制

使用 WPF 数据绑定模型可以将 ValidationRules 与 Binding 对象相关联。当绑定目标的属性向绑定源属性传递属性值时（仅限 TwoWay 模式或 OneWayToSource 模式），执行 ValidationRule 中的 Validate 方法，实现对界面输入数据的验证。

WPF 提供了两种内置的验证规则和一个自定义验证规则。

- 内置的 ExceptionValidationRule 验证规则：用于检查在“绑定源属性”的更新过程中引发的异常。即在更新源时，如果有异常（比如类型不匹配）或不满足条件，它会自动将异常添加到错误集合中。此种方式若实现自定义的逻辑验证，通常设置数据源的属性的 Set 访问器，在 Set 访问器中，根据输入的值结合逻辑，使用 throw 抛出相应的异常。

- 内置的 DataErrorValidationRule 验证规则：用于检查由源对象的 IDataErrorInfo 实现所引发的错误，要求数据源对象实现 System.ComponentModel 命名空间的 IDataErrorInfo 接口。
- 自定义验证规则：除了可直接使用内置的验证规则外，还可以自定义从 ValidationRule 类派生的类，通过在派生类中实现 Validate 方法来创建自定义的验证规则。

5.4.2　数据验证规则

1. 利用内置的 DataErrorValidationRule 实现验证

使用 DataErrorValidationRule 这种验证方式，需要数据源的自定义类继承 IDataErrorInfo 接口。

DataErrorValidationRule 的用法有以下两种表示方法：

- 在 Binding 的 ValidationRules 的子元素中声明该验证规则，这种方式只能用 XAML 来描述。
- 直接在 Binding 属性中指定该验证规则，这种方式用法比较简单，而且还可以在 C# 代码中直接设置此属性。

这两种设置方式完全相同，一般使用第二种方式。

```
<TextBox Text="{Binding Path=StudentName,Mode=TwoWay,
UpdateSourceTrigger=PropertyChanged,
ValidatesOnDataErrors=True}"/>
```

下面通过例子来说明具体用法。定义一个学生信息类，要求其学生成绩在 0～100 之间，学生姓名的长度在 2～10 个字符间。

（1）自定义类 MyStudentValidation，使用 IDataErrorInfo 接口。

```
public class MyStudentValidation: IDataErrorInfo
{
    public MyStudentValidation()
    {
        StudentName = "Tom";
        Score = 90;
    }
    public MyStudentValidation(string studentName, double score)
    {
        StudentName = studentName;
        Score = score;
    }
    public string StudentName{ get;set; }
    public double Score { get;set; }
    #region 实现 IDataErrorInfo 接口的成员
    public string Error
    {
        get
```

```
            {
                return null;
            }
        }
        public string this[string columnName]
        {
            get
            {
                string result = null;
                switch (columnName)
                {
                    case "StudentName":
                        //设置 StudentName 属性的验证规则
                        int len = StudentName.Length;
                        if (len < 2 || len > 10)
                        {
                            result = "学生姓名必须 2～10 个字符";
                        }
                        break;
                    case "Score":
                        //设置 Score 属性的验证规则
                        if (Score < 0 || Score > 100)
                        {
                            result = "分数必须在 0～100 之间";
                        }
                        break;
                }
                return result;
            }
        }
        #endregion
}
```

（2）设计外观，主要代码如下：

```xml
<Grid>
    <Grid.RowDefinitions>
        <RowDefinition/>
        <RowDefinition/>
        <RowDefinition/>
    </Grid.RowDefinitions>
    <Grid.ColumnDefinitions>
        <ColumnDefinition/>
        <ColumnDefinition/>
    </Grid.ColumnDefinitions>
    <TextBlock Grid.Column="0" HorizontalAlignment="Right" VerticalAlignment="Center" Grid.Row="0"
        Text="学生姓名："/>
    <TextBlock Grid.Column="0" HorizontalAlignment="Right" VerticalAlignment="Center" Grid.Row="1"
        Text="学生分数："/>
```

```
<TextBox x:Name="txt1" Margin="20" Grid.Column="1" Grid.Row="0" />
<TextBox x:Name="txt2" Margin="20" Grid.Column="1" Grid.Row="1" />
<Button x:Name="btn1" Grid.Row="2" Grid.ColumnSpan="2" Content="我是按钮 1" Width="130"
        Margin="8" />
```
</Grid>

（3）引入 C#自定义的类，存入 Window 的资源里。

```
<Window   …
    xmlns:local="clr-namespace:MyValidationExample"
    Title="MainWindow" Height="300" Width="400">
    <Window.Resources>
        <local:MyStudentValidation x:Key="myData"/>
    </Window.Resources>
</Window>
```

（4）绑定数据源到 Grid 控件的 DataContext 属性。

```
<Grid.DataContext>
    <Binding Source="{StaticResource ResourceKey=myData}"/>
</Grid.DataContext>
```

（5）在界面上，定义两个 TextBox 绑定到 StudentName 和 Score 两个属性上，并设置其采用 DataErrorValidationRule。在 TextBox 的 Bingding 中设定验证规则。

```
<TextBox x:Name="txt1" Text="{Binding Path=StudentName,Mode=TwoWay,
UpdateSourceTrigger=PropertyChanged,
ValidatesOnDataErrors=True}"/>
<TextBox x:Name="txt2" Text="{Binding Path=StudentName,Mode=TwoWay,
UpdateSourceTrigger=PropertyChanged,
ValidatesOnDataErrors=True}"/>
```

（6）给按钮添加 Click 事件，实现获取当前对象的信息。

```
MyStudentValidation myTemp = this.FindResource("myData") as MyStudentValidation;
string sTemp = myTemp.StudentName;
double dTemp = myTemp.Score;
MessageBox.Show("学生姓名为"+sTemp+"   学生成绩为："+dTemp);
```

在 C#代码中获取 WPF 前台声明的资源，需要用到 this.FindResource(object key)方法。

（7）按 F5 键运行程序。在两个文本框中分别输入非法数据，运行效果如图 5-42 至图 5-44 所示。

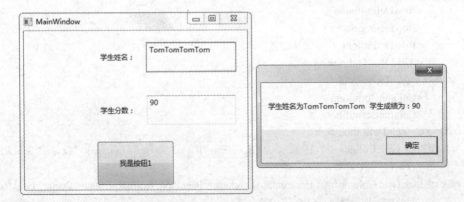

图 5-42   输入学生姓名不合法时的运行效果

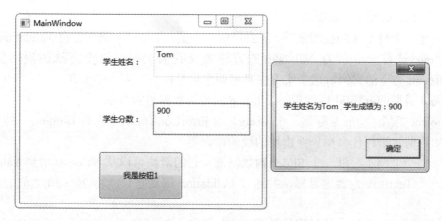

图 5-43　输入分数超出取值范围时的运行效果

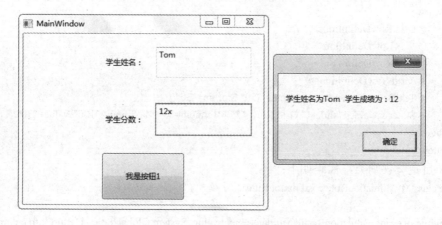

图 5-44　输入分数不是数字时的运行效果

从执行的结果来看，当验证出现错误时，系统默认给出一种验证错误的显示方式（控件以红色边框包围），但是需要注意两点：

- 产生验证错误，验证后的数据仍然会更改数据源的值。
- 如果系统出现异常，如成绩值输入 12x，则系统不会显示错误，控件上的输入值也不赋值到数据源。这种情况下，需要使用 ExceptionValidationRule。

2. 利用内置的 ExceptionValidationRule 实现验证

当绑定目标的属性值向绑定源的属性值赋值时引发异常所产生的验证。通常设置数据源的属性的 Set 访问器，在 Set 访问器中，根据输入的值结合逻辑，使用 throw 抛出相应的异常。

ExceptionValidationRule 也有两种用法：一种是在 Binding 的 ValidationRules 的子元素中声明该验证规则，这种方式只能用 XAML 来描述；另一种是直接在 Binding 属性中指定该验证规则，这种方式简单直观，一般使用这种方式即可。

例如上例中，对于 Score 对应的 TextBox，再加入 ExceptionValidationRule 验证规则：

```
<TextBox x:Name="txt2" Margin="20" Grid.Column="1" Grid.Row="1"
Text="{Binding Path=Score, Mode=TwoWay,
UpdateSourceTrigger=PropertyChanged,
ValidatesOnDataErrors=True , ValidatesOnExceptions=True}"/>
```

3. 利用自定义规则实现验证

若要创建一个自定义的校验条件，需要声明一个类，并让这个类派生自 ValidationRule 类。ValidationRule 只有一个名为 Validate 的方法需要我们实现，这个方法的返回值是一个 ValidationResult 类型的实例。这个实例携带着两个信息：

- bool 类型的 IsValid 属性告诉 Binding 回传的数据是否合法。
- object 类型（一般是存储一个 string）的 ErrorContent 属性告诉 Binding 一些信息，比如当前是进行什么操作而出现的校验错误等。

下面给出一个例子：以一个 Slider 为数据源，它的滑块可以从 Value=0 滑到 Value=100；同时，以一个 TextBox 为数据目标，并通过 Validation 限制它只能将 20～50 之间的数据传回数据源。

（1）新建 WPF 项目，设计窗体外观，有一个 TextBox 和一个 Slider。代码如下：

```
<Window  … >
    <Grid>
        <Grid.RowDefinitions>
            <RowDefinition/>
            <RowDefinition/>
        </Grid.RowDefinitions>
        <TextBox x:Name="txt1" Height="50" Margin="30"/>
        <Slider x:Name="slider1" Grid.Row="1" Minimum="0" Maximum="100" Value="30"/>
    </Grid>
</Window>
```

（2）自定义规则类，代码如下：

```
public class MyValidationRule : ValidationRule
{
    public override ValidationResult Validate(object value, System.Globalization.CultureInfo cultureInfo)
    {
        double d = 0;
        if (double.TryParse((string)value, out d) &&( d >=20    && d <= 50))
        {
            return new ValidationResult(true, "OK");
        }
        else
        {
            return new ValidationResult(false, "Error");
        }
    }
}
```

（3）运用自定义规则验证数据，代码如下：

```
InitializeComponent();
    Binding binding = new Binding("Value");
    binding.Source = slider1;
    binding.UpdateSourceTrigger = UpdateSourceTrigger.PropertyChanged;
    binding.ValidationRules.Add(new MyValidationRule());    //加载校验条件
    txt1.SetBinding(TextBox.TextProperty, binding);
```

（4）按 F5 键运行程序，查看验证效果，如图 5-45 至图 5-47 所示。

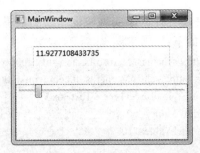

图 5-45　移动滑块使 Value 小于 20 时的运行效果

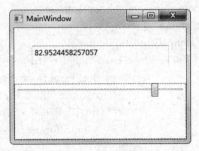

图 5-46　移动滑块使 Value 大于 50 时的运行效果

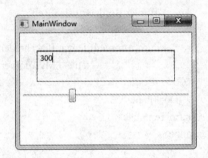

图 5-47　输入数值不在数据范围时的运行效果

运行情况分析：可以使用 Slider 滑出从 0～100 的值来，在 TextBox 的 Text 属性中显示；也可以使用 TextBox 输入 20～50 之间的值，Slider 的滑块会自动移到对应的位置；但当输入小于 20 或者大于 50 的数字以及非数字时，值就不会被传回到 Slider（数据源），同时 TextBox 还会被一个红色的边框圈起来以示警告，这是系统默认的风格。至于警告的外观，我们可以自定义。

【任务分析】

完成前面的知识准备后，我们来对注册信息入库任务进行分析。

本任务是一个简单的注册窗体。在初始填入用户名密码时就进行数据验证，检查输入的数据是否合法。即在单击"注册"按钮之前就要检查用户名是否为空、密码的个数是否不够等。当输入不符合要求时，设计控件外观在文本框右边显示红色提示信息。这里用到了 Binding 中的数据验证。我们采用自定义验证规则来实现验证。

【任务实施】

（1）新建 WPF 程序，名称为 MyValidationExam。右击项目，添加一个文件名为

MyDictionary.xaml 的资源文件，并在其中实现验证错误的信息提示模板，以便多个要被验证的 TextBox 能够共享它。代码如下：

```xml
<ResourceDictionary xmlns="http://schemas.microsoft.com/winfx/2006/xaml/presentation"
                    xmlns:x="http://schemas.microsoft.com/winfx/2006/xaml">
    <Style x:Key="MyValidationStyle" TargetType="TextBox">
        <Setter Property="Width" Value="60" />
        <Setter Property="Margin" Value="10" />
        <Style.Triggers>
            <Trigger Property="Validation.HasError" Value="true">
                <Setter Property="Validation.ErrorTemplate">
                    <Setter.Value>
                        <ControlTemplate>
                            <DockPanel LastChildFill="True">
                                <TextBlock DockPanel.Dock="Right"
                                        Foreground="Red" FontSize="12pt"
                                        Text="{Binding ElementName=MyAdorner, Path=
                                        AdornedElement.(Validation.Errors)[0].ErrorContent}">
                                </TextBlock>
                                <Rectangle Fill="Red" Width="20" DockPanel.Dock="Right"/>
                                <Border BorderBrush="Red"
                                        BorderThickness="1">
                                    <AdornedElementPlaceholder
                                            Name="MyAdorner" />
                                </Border>
                            </DockPanel>
                        </ControlTemplate>
                    </Setter.Value>
                </Setter>
            </Trigger>
        </Style.Triggers>
    </Style>
</ResourceDictionary>
```

（2）右击项目，添加一个文件名为 CustomValidationRules.cs 的类文件，将所有自定义的验证规则都写在该文件中。代码如下：

```csharp
using System.Windows.Controls;
namespace MyValidationExam
{
    public class NameValidation : ValidationRule
    {
        public override ValidationResult Validate(object value, System.Globalization.CultureInfo cultureInfo)
        {
            string str = value as string;
            if (string.IsNullOrEmpty(str))
            {
                return new ValidationResult(false, "不能为空");
            }
            return ValidationResult.ValidResult;
```

```
            }
        }
        public class PwdLengthValidation : ValidationRule
        {
            public int MinLength { get; set; }
            public int MaxLength { get; set; }
            public PwdLengthValidation()
            {
                MinLength = 0;
                MaxLength = int.MaxValue;
            }
            public override ValidationResult Validate(object value, System.Globalization.CultureInfo cultureInfo)
            {
                string str = (string)value;
                if (string.IsNullOrEmpty(str))
                {
                    return new ValidationResult(false, "不能为空");
                }
                if (str.Length < MinLength || str.Length > MaxLength)
                {
                    return new ValidationResult(false,"密码个数在"+MinLength+"~"+MaxLength+"之间");
                }
                return new ValidationResult(true, null);
            }
        }
    }
```

这里继承的抽象类 ValidationRule 在 System.Windows.Controls 命名空间中。该文件包含了两个类：NameValidation 类定义的验证规则是要求字符串非空，PwdLengthValidation 类定义的验证规则是要求字符串长度在某个范围内。

（3）右击项目，添加一个名为 ValidationHelp.cs 的类，用于检查界面中的 UI 元素是否通过了验证。代码如下：

```
using System.Windows;
using System.Windows.Controls;
namespace MyValidationExam
{
    class ValidationHelp
    {
        //验证窗口或页面中的指定元素及其子元素
        public static bool IsValid(DependencyObject node)
        {
            //检查元素是否通过验证
            if (node != null)
            {
                //注意：Validation.GetHasError 只有在附加了验证规则后才起作用
                bool isValid = !Validation.GetHasError(node);
                if (!isValid)
                {
```

```
            return false;
        }
    }
    //如果元素符合验证规则的要求，则检查其所有的子元素
    foreach (object ob in LogicalTreeHelper.GetChildren(node))
    {
        if (ob is DependencyObject)
        {
            //如果不符合验证规则要求，返回 False，否则继续检查
            if (IsValid((DependencyObject)ob) == false)
            {
                return false;
            }
        }
    }
    return true;
    }
  }
}
```

注意，这里用到了 DependencyObject 类，需要对其解析，它在 System.Windows 命名空间内；程序中还需要对 Validation 进行解析，它在 System.Windows.Controls 命名空间内。

（4）右击项目，添加一个名为 UserData.cs 的类。代码如下：

```
namespace MyValidationExam
{
    class UserData
    {
        public string Name { get; set; }
        public string Password { get; set; }
    }
}
```

（5）在 Window 中利用 xmlns 属性声明 local 命名空间，引入本项目的所有文件供 UI 元素使用。代码如下：

```
<Window …
        xmlns:local="clr-namespace:MyValidationExam">
    <Window.Resources>
        <ResourceDictionary>
            <ResourceDictionary.MergedDictionaries>
                <ResourceDictionary Source="MyDictionary.xaml"/>
            </ResourceDictionary.MergedDictionaries>
            <local:UserData x:Key="userData"/>
        </ResourceDictionary>
    </Window.Resources>
</Window>
```

（6）TextBox 使用 Binding 进行数据验证。使用自定义验证规则时需要注意，对应字符串验证，一定要将验证规则的 ValidatesOnTargetUpdated 属性设为 True，即设置为更新绑定目标时执行验证规则。窗体设计及数据绑定的详细代码如下：

```xml
<Grid>
    <Grid>
        <Grid.RowDefinitions>
            <RowDefinition/>
            <RowDefinition/>
            <RowDefinition/>
        </Grid.RowDefinitions>
        <Grid.ColumnDefinitions>
            <ColumnDefinition Width="1*"/>
            <ColumnDefinition Width="2*"/>
        </Grid.ColumnDefinitions>
        <TextBlock Grid.Column="0" Grid.Row="0" Text="用户名：" Margin="30" FontSize="20"
            HorizontalAlignment="Right"/>
        <TextBlock Grid.Column="0" Grid.Row="1" Text="密  码：" Margin="30" FontSize="20"
            HorizontalAlignment="Right"/>
        <TextBox x:Name="txt1" Grid.Column="1" Grid.Row="0" Margin="20" Width="100"
            HorizontalAlignment="Left" Style="{StaticResource ResourceKey=MyValidationStyle}">
            <TextBox.Text>
                <Binding Path="Name" Source="{StaticResource ResourceKey=userData}"
                    UpdateSourceTrigger="PropertyChanged">
                    <Binding.ValidationRules>
                        <local:NameValidation ValidatesOnTargetUpdated="True"/>
                    </Binding.ValidationRules>
                </Binding>
            </TextBox.Text>
        </TextBox>
        <TextBox x:Name="txt2" Grid.Column="1" Grid.Row="1" Margin="20" Width="100"
            HorizontalAlignment="Left" Style="{StaticResource ResourceKey=MyValidationStyle}">
            <TextBox.Text>
                <Binding Path="Password" Source="{StaticResource ResourceKey=userData}"
                    UpdateSourceTrigger="PropertyChanged">
                    <Binding.ValidationRules>
                        <local:PwdLengthValidation MinLength="4" MaxLength="14"
                            ValidatesOnTargetUpdated="True"/>
                    </Binding.ValidationRules>
                </Binding>
            </TextBox.Text>
        </TextBox>
        <StackPanel Grid.Row="2" Grid.ColumnSpan="2" Orientation="Horizontal"
            HorizontalAlignment="Center">
            <Button x:Name="btn1" Margin="30" Content="注册" Width="100" Click="btn1_Click"/>
            <Button x:Name="btn2" Margin="30" Content="取消" Width="100" Click="btn2_Click"/>
        </StackPanel>
    </Grid>
</Grid>
```

（7）按钮添加了 Click 事件，主要代码如下：

```
private void btn1_Click(object sender, RoutedEventArgs e)
{
    if (ValidationHelp.IsValid(this) == false)
    {
        MessageBox.Show("输入的数据不合法！");
        return;
    }
    UserData myUser = this.FindResource("userData") as UserData;
    MessageBox.Show("姓名："+myUser.Name+"     密码："+myUser.Password);
}
private void btn2_Click(object sender, RoutedEventArgs e)
{
    this.Close();
}
```

（8）按 F5 键运行程序，运行效果如图 5-48 所示。

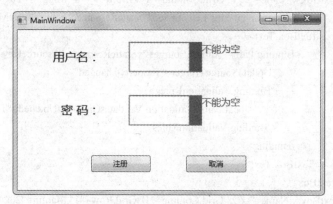

图 5-48   文本框内容为空时的运行效果

因为将验证规则的 ValidatesOnTargetUpdated 属性设为 True，所以程序一运行就进行规则验证，保证了数据的合法性。当单击"注册"按钮时，如果没有通过验证，将弹出警告对话框；如果通过验证，则弹出对话框显示该用户注册信息，如图 5-49 所示；单击"取消"按钮退出程序。

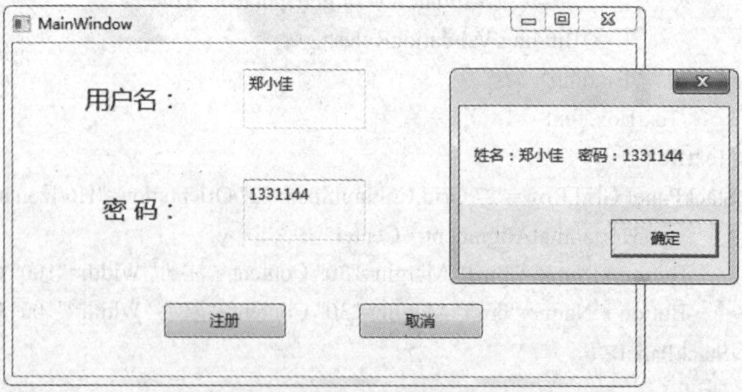

图 5-49   输入数据合法时的运行效果

【任务小结】

本任务的主要知识点是数据验证，定义验证可以采用以下 3 种：DataErrorValidationRule、ExceptionValidationRule 和自定义验证规则。

自定义验证类，需要继承自 ValidationRule 类并且实现了 Validate()方法。例如限定一个数据范围类，Validate 方法返回的是 ValidationResult 类型，ValidationResult 类的构造函数的第一个参数是 bool 类型，指明验证的数据是否有效，第二个参数可以是任意一个 CLR 对象，用于返回错误信息。当完成自定义验证规则后，在 Binding.ValidationRules 标签中去声明验证类对象，并且将 Binding 元素的 NotifyOnValidationError 属性的值设为 True，只有这样才能触发 ValidationError 事件。

本任务还对前面项目中的登录方法进行了有效补充，拓展了设计实现途径。

本项目通过 4 次任务，学习了 WPF 的数据绑定及其属性等基本知识、绑定数据源到 Source 属性和 DataContext 属性以及 ItemsSource 上的基本知识，以及如何进行数据验证。数据绑定在 WPF 中是非常重要也是非常实用的一个环节，虽然以上的任务内容比较简单，但是里面涉及的东西还是很有必要时常查阅的。希望读者能够理解掌握各任务代码的含义，并能够跟随步骤亲手模仿制作。

1．更改任务 5.1 中的例子，拖动滑块，在文本框中显示其 Value 值，使用 5 种不同的绑定模式：OneWay、TwoWay、OneTime、OneWayToSource、Default，查看其运行效果。初始 ScrollBar 的 Value 值为 30，查看各文本框显示值的情况；拖动滑块，查看各文本框显示值的情况；依次更改各文本框中的数值，查看程序各控件显示值的情况，如图 5-50 所示。

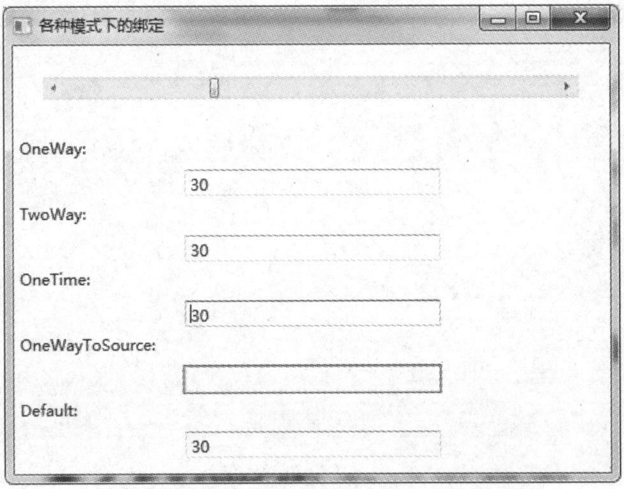

图 5-50 数据绑定 5 种绑定方式的运行效果

2．用 WPF 实现以下功能：

（1）有 3 个员工，每个员工有自己的姓名和年龄等属性。

（2）WPF 窗体用列表显示 3 个员工的详细信息。

（3）选中列表中的一项，能在窗体的下方显示当前选中员工的详细信息，同时这些详细信息又是可修改的，修改完毕后，列表中该员工的信息能动态更新。

3．更改任务 5.4，增加一个自定义规则，对年龄 Age（整型数值）进行数据验证，使年龄保证在 18～80 之间。

项目六　WPF 资源、样式和模板——项目美化

图书管理系统的外观设计中，主要包含 TextBlock、TextBox、Button、DataGrid 控件，如何设计外观并呈现出友好的用户交互体验，是本次项目的重点。WPF 提供了样式设置和模板化模型。通过 WPF 中的资源、样式和模板，有效实现了表示形式与逻辑代码的分离。本项目利用资源、样式和模板的相关知识，美化图书管理系统，使其拥有友好的交互界面。

1. 掌握资源相关知识。
2. 掌握样式相关知识。
3. 掌握模板相关知识。

1. 熟练应用资源处理程序。
2. 熟练运用样式修改控件。
3. 熟练运用模板修改控件外观。

任务 6.1　美化读者信息修改界面的 TextBlock 控件

【任务描述】

新建 WPF 应用程序，外观设计为读者信息修改功能模块的外观，如图 6-1 所示。初始读者添加界面使用的是默认 WPF 元素样式，我们可以利用 WPF 资源来实现对它的美化。即在资源中用 Style 元素声明样式和模板，并在控件中引用它。此次任务修改的是 TextBlock 控件的外观。在未修改 TextBlock 外观时，程序运行界面如图 6-1 所示。

【知识准备】

6.1.1　资源

资源是指那些项目中可以和 C#代码分离的固定不变的信息。早在 WPF 出现之前 Windows 应用程序就已经能够携带资源了。实际上就是把一些应用程序必须使用的资源与应用程序自身打包在一起，这样资源就不会意外丢失了，代价是应用程序体积会变大。资源文件是指不能直

接执行的文件，例如图像、字符串、图标、声音、视频、XAML 文件等。各种编程语言的编译器会把这些文件编译进目标文件（最终的.exe 或.dll 文件），资源文件在目标文件里以二进制数据的形式存在，形成目标文件的资源段。而在 WPF 中资源文件以哪种形式保存，则由其所在文件的"生成操作"属性来决定。

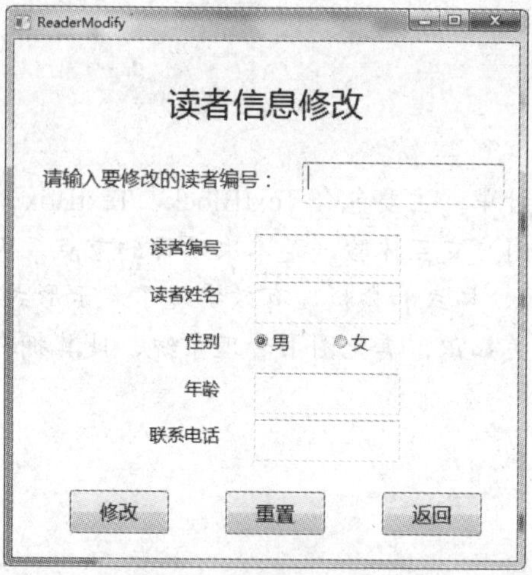

图 6-1　任务 6.1 未修改外观时的运行效果

1. 资源形式

在 WPF 项目中，既可以包含嵌入的资源（将资源文件嵌入到 Resource.resx 中），又可以包含链接的资源（将资源文件单独保存在项目中，而在扩展名为.resx 的文件中只保存资源文件的链接）。

在 WPF 中，首选方式是将资源文件作为链接的资源，而不是作为嵌入的资源。

（1）嵌入的资源。

嵌入的资源是指包含在 Properties 文件夹下的 Resources.resx 文件中的资源。这是 WinForm 应用程序默认使用的方式。一旦将某个文件作为嵌入的资源，系统自动将其转化为强类型的对象，然后以二进制形式嵌入到 Properties 文件夹下的 Resources.resx 中。在 WPF 应用程序中，一般不使用这种方式，而是使用链接的资源，只有某些特殊需求才会使用这种方式。

对于在多个项目之间共享的资源文件，如果不希望开发人员修改资源数据文件的内容，例如包含公司徽标、商标信息等文件，使用嵌入的资源也是一种可选择的方案。优点是将这些文件作为嵌入的资源后，只需要将 Resources.resx 文件复制到其他项目中，而不需要复制关联的资源数据文件；缺点是无法修改资源文件的内容。

如果要添加的资源是字符串（不是指文本文件），则只能将其作为嵌入的资源，而不能作为链接的资源。可以使用应用程序 Properties 文件夹中的 Resources.resx 资源文件。打开资源文件的方法是在项目管理器中展开 Properties 节点并双击 Resources.resx 文件，如图 6-2 所示。

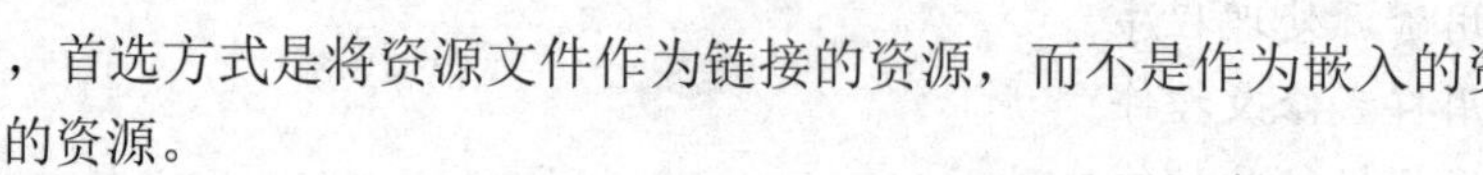

名称	值	注释
myString1	床前明月光，疑是地上霜。	
myString2	举头望明月，低头思故乡。	

图 6-2　嵌入的资源显示

在 XAML 代码中使用 Resources.resx 中的资源，先要把程序的 Properties 命名空间映射为 XAML 命名空间，然后使用 x:Static 标签扩展来访问资源：

```
<Window x:Class="WpfApplication.MyTestWin"
        xmlns="http://schemas.microsoft.com/winfx/2006/xaml/presentation"
        xmlns:x="http://schemas.microsoft.com/winfx/2006/xaml"
        xmlns:prop="clr-namespace: WpfApplication.Properties"
        Title="MyTestWin" Height="300" Width="300">
    <StackPanel>
        <TextBlock Text="{x:Static prop:Resources.String1}"/>
        <TextBlock Text="{x:Static prop:Resources.String2}"/>
    </StackPanel>
</Window>
```

运行效果如图 6-3 所示。

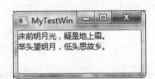

图 6-3　使用嵌入的资源的运行效果

Resources.resx 文件内容的组织形式是"键-值"对，编译后，会形成 Properties 命名空间中的 Resources 类，使用这个类的方法或属性就能获取资源。为了让 XAML 编译器能够访问这个类，一定要把 Resources.resx 的访问级别由 Internal 改为 Public。

一般将数据库连接字符串作为嵌入的资源来保存。

（2）链接的资源。

链接的资源是指将文件添加到项目中时，在对应的扩展名为.resx 的文件中只保存这些文件的相对路径或链接，而被链接的这些文件单独存储，而且可编辑。注意这里所说的"扩展名为.resx 的文件"不是指 Properties 文件夹下的 Resources.resx 文件，而是指单独添加到项目中的扩展名为.resx 的文件。编译项目时，再将这些文件嵌入到程序集中，即编译到.exe 或.dll 文件中。用这种方式的好处是可以在项目中直接修改资源文件的内容。

如果在程序中添加一个 MP3 文件和一张图片，如图 6-4 所示，结果文件的体积就会增大好几兆。

图 6-4　链接的资源显示

需要注意的一点是，如果让外部文件编译进目标成为二进制资源，必须在属性窗口中把文件的"生成操作"属性值设为"资源"。一般情况下如果"生成操作"属性被设为资源，则"复制到输出目录"属性就设为"不复制"。

2. 使用 Pack URI 路径访问二进制资源

WPF 对二进制资源的访问有自己的一套方法，称为 Pack URI 路径。具体格式如下：

Pack://application,,,[/程序集名称;][可选版本号;][文件夹名称/]文件名称

实际上因为 pack://application,,,可以省略、程序集名称和版本号常使用默认值，所以最终直接使用"[文件夹名称/]文件名称"即可。

如前面例子中我们向资源中添加一张图片，叫做 Tiger_004.jpg，添加进资源文件后，可以给它命名，比如叫它 aaa。这样，添加文件就完成了。然后，在程序中调用，只需要一句话：

Properties.Resources.资源名

比如之前添加的图片，就写 Properties.Resources.aaa 即可。

当然，WPF 也支持直接用 Properties/Images/Tiger_004.jpg 这个路径来访问此图片。

再向项目中添加一张图片 Tiger_003.jpg，用这两张图片填充<Image/>元素，采用两种方式来访问图片，代码如下：

```
<Statck>
<Image x:Name="img1"    Source="Properties.Resources.aaa"    Stretch="Fill"/>
<Image x:Name="img2"    Source="Properties/Images/Tiger_003.jpg"    Stretch="Fill"/>
</Statck>
```

运行效果如图 6-5 所示。

图 6-5   使用链接的资源的运行效果

6.1.2   资源的定义及 XAML 中的引用

资源可以定义在以下几个位置：

（1）应用程序级资源：定义在 App.xaml 文件中，作为整个应用程序共享的资源存在。在 App.xaml 文件中定义：

```
<Application x:Class="WpfExample.App"
            xmlns="http://schemas.microsoft.com/winfx/2006/xaml/presentation"
            xmlns:x="http://schemas.microsoft.com/winfx/2006/xaml"
            StartupUri="MainWindow.xaml">
    <Application.Resources>
        <SolidColorBrush Color="Gold" x:Key="myGoldBrush" />
    </Application.Resources>
</Application>
```

在 ApplicationResourceDemo.xaml 文件（窗体）中使用 App.xaml 中定义的 Resource。

```
<Window x:Class="WpfExample.MainWindow"
        xmlns="http://schemas.microsoft.com/winfx/2006/xaml/presentation"
        xmlns:x="http://schemas.microsoft.com/winfx/2006/xaml"
        Title="MainWindow" Height="300" Width="300">
    <Grid>
        <StackPanel>
            <Button Margin="5" Background="{StaticResource myGoldBrush}">Sample Button</Button>
        </StackPanel>
    </Grid>
</Window>
```

运行效果如图 6-6 所示。

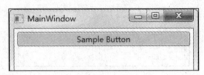

图 6-6　使用应用程序级资源的运行效果

（2）窗体级资源：定义在 Window 或 Page 中，作为一个窗体或页面共享的资源存在。例如下例：

```
<Window x:Class="WpfExample.MainWindow"
        xmlns="http://schemas.microsoft.com/winfx/2006/xaml/presentation"
        xmlns:x="http://schemas.microsoft.com/winfx/2006/xaml"
        Title="MainWindow" Height="300" Width="300">
    <Window.Resources>
        <SolidColorBrush x:Key="myRedBrush" Color="Red" />
    </Window.Resources>
    <StackPanel>
        <Button Margin="5" Background="{StaticResource myRedBrush}">Sample Button</Button>
    </StackPanel>
</Window>
```

运行效果如图 6-7 所示。

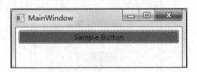

图 6-7　使用窗体级资源的运行效果

（3）文件级资源：定义在资源字典的 XAML 文件中，再引用。

在 Visual Studio 的 WPF 应用程序项目中，右击项目，选择添加"资源字典（Resource Dictionary）"类型的项，保存成默认名称 Dictionary1.xaml。

```
<ResourceDictionary xmlns="http://schemas.microsoft.com/winfx/2006/xaml/presentation"
                    xmlns:x="http://schemas.microsoft.com/winfx/2006/xaml">
    <SolidColorBrush x:Key="redBrush" Color="Red" />
</ResourceDictionary>
```

在窗体设计中使用资源字典。在窗体设计中，将其注册为文件级的资源并引用。

```
<Window x:Class="WpfExample.MainWindow"
```

```
        xmlns="http://schemas.microsoft.com/winfx/2006/xaml/presentation"
        xmlns:x="http://schemas.microsoft.com/winfx/2006/xaml"
        Title="MainWindow" Height="300" Width="300">
    <Window.Resources>
        <ResourceDictionary Source="Dictionary1.xaml" />
    </Window.Resources>
    <StackPanel>
        <Button Margin="5" Background="{StaticResource myBrush}">Sample Button</Button>
    </StackPanel>
</Window>
```

运行效果如图 6-8 所示。

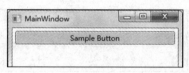

图 6-8　使用文件级资源的运行效果

（4）对象（控件）级资源：定义在某个 ContentControl 中，作为其子容器、子控件共享的资源。在下例中，在 Button 中定义一个资源，供 Button 内的 Content 控件使用。

```
<StackPanel Height="80">
    <Button Margin="20" Height="50">
        <Button.Resources>
            <SolidColorBrush x:Key="myGreenBrush" Color="Green" />
        </Button.Resources>
        <Button.Content>
         <TextBlock Text="Sample Text" Background="{StaticResource myGreenBrush}" />
        </Button.Content>
    </Button>
</StackPanel>
```

运行效果如图 6-9 所示。

图 6-9　使用对象级资源的运行效果

6.1.3　XAML 解析资源的顺序

在 XAML 中解析资源按照由引用资源的控件向外层容器依次调用资源。例如在应用程序级别、窗体级别和对象级别分别定义 x:Key 相同的资源。

在 App.xaml 文件中：

```
<Application x:Class="WpfExample.App"
             xmlns="http://schemas.microsoft.com/winfx/2006/xaml/presentation"
```

```
            xmlns:x="http://schemas.microsoft.com/winfx/2006/xaml"
            StartupUri="MainWindow.xaml">
    <Application.Resources>
        <!--应用程序级资源-->
        <SolidColorBrush Color="Gold" x:Key="myGoldBrush" />
        <SolidColorBrush Color="Blue" x:Key="myBrush" />
    </Application.Resources>
</Application>
```

在窗体的 XAML 文件中：

```
<Window x:Class="WpfExample.MainWindow"
        xmlns="http://schemas.microsoft.com/winfx/2006/xaml/presentation"
        xmlns:x="http://schemas.microsoft.com/winfx/2006/xaml"
        Title="MainWindow" Height="300" Width="300">
    <Window.Resources>
        <!--窗体级资源-->
        <SolidColorBrush Color="White" x:Key="myWhiteBrush" />
        <SolidColorBrush Color="Green" x:Key="myBrush" />
    </Window.Resources>
    <StackPanel>
        <!--使用应用程序级定义的资源-->
        <Button Margin="5" Content="Sample Button" Background="{StaticResource myGoldBrush}" />
        <!--使用窗体级定义的资源-->
        <Button Margin="5" Content="Sample Button" Background="{StaticResource myWhiteBrush}"/>
        <!--窗体级资源的值覆盖应用程序级资源的值-->
        <Button Margin="5" Content="Sample Button" Background="{StaticResource myBrush}" />
        <StackPanel Background="#FF999999">
            <StackPanel.Resources>
                <!--对象级资源-->
                <SolidColorBrush Color="Yellow" x:Key="myYellowBrush" />
                <SolidColorBrush Color="Red" x:Key="myBrush" />
            </StackPanel.Resources>
            <!--使用应用程序级定义的资源-->
            <Button Margin="5" Content="Sample Button" Background="{StaticResource myGoldBrush}" />
            <!--使用窗体级定义的资源-->
            <Button Margin="5" Content="Sample Button" Background="{StaticResource myWhiteBrush}" />
            <!--使用对象级定义的资源-->
            <Button Margin="5" Content="Sample Button" Background="{StaticResource myYellowBrush}" />
            <!--使用对象级定义的资源覆盖窗体级、应用程序级定义的资源-->
            <Button Margin="5" Content="Sample Button" Background="{StaticResource myBrush}" />
        </StackPanel>
    </StackPanel>
</Window>
```

运行效果如图 6-10 所示。读者要细细品味本例中的代码。

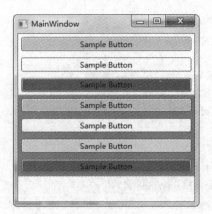

图 6-10　使用不同级别资源的运行效果

6.1.4　静态资源（StaticResource）和动态资源（DynamicResource）

资源可以作为静态资源或动态资源进行引用。这是通过使用 StaticResource 标记扩展或 DynamicResource 标记扩展完成的。通常来说，不需要在运行时更改的资源使用静态资源，而需要在运行时更改的资源使用动态资源。动态资源需要使用的系统开销大于静态资源的系统开销。例如下面的例子：

```xml
<Window.Resources>
    <SolidColorBrush x:Key="ButtonBrush" Color="Red" />
</Window.Resources>
<StackPanel>
    <Button Margin="5" Content="Static Resource Button A" Background="{StaticResource ButtonBrush}" />
    <Button Margin="5" Content="Static Resource Button B" Background="{StaticResource ButtonBrush}">
        <Button.Resources>
            <SolidColorBrush x:Key="ButtonBrush" Color="Yellow" />
        </Button.Resources>
    </Button>
    <Button Margin="5" Content="Change Button Resource" Click="Button_Click" />
    <Button Margin="5" Content="Dynamic Resource Button A" Background="{DynamicResource
        ButtonBrush}" />
    <Button x:Name="btn4" Margin="5" Content="Dynamic Resource Button B"
        Background="{DynamicResource ButtonBrush}" Click="btn4_Click">
        <Button.Resources>
            <SolidColorBrush x:Key="ButtonBrush" Color="Yellow" />
        </Button.Resources>
    </Button>
</StackPanel>
```

按钮的 Button_Click 事件处理程序的代码为：

```csharp
private void Button_Click (object sender, RoutedEventArgs e)
{
    SolidColorBrush brush = new SolidColorBrush(Colors.Green);
    this.Resources["ButtonBrush"] = brush;
}
```

上述例子在运行时的显示效果如图 6-11 所示。

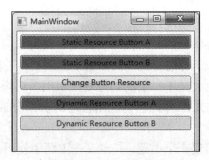

图 6-11　使用静态资源和动态资源的运行效果

而单击 Change Button Resource 按钮后，显示的结果如图 6-12 所示。

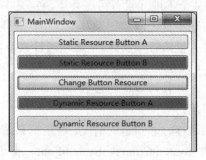

图 6-12　单击按钮后的运行效果

从程序执行的结果来看，可以得到如下结论：

- 静态资源引用是从控件所在的容器开始依次向上查找的，而动态资源引用是从控件开始向上查找的（即控件的资源覆盖其父容器的同名资源）。
- 更改资源时，动态引用的控件样式发生变化（即 Dynamic Resource Button A 发生变化）。

如果要更改 Dynamic Resource Button B 的背景，需要在按钮的事件中添加以下代码（将 Dynamic Resource Button B 的控件的 x:Name 设置为 btn4）

```
private void btn4_Click(object sender, RoutedEventArgs e)
{
    SolidColorBrush brushB = new SolidColorBrush(Colors.Blue);
    this.btn4.Resources["ButtonBrush"] = brushB;
}
```

运行结果如图 6-13 所示。

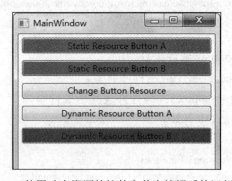

图 6-13　使用动态资源的控件在单击按钮后的运行效果

静态资源引用最适合于以下情况：

- 应用程序设计几乎将所有的应用程序资源集中到页或应用程序级别的资源字典中。静态资源引用不会基于运行时行为（例如重新加载页）进行重新求值，因此，根据资源和应用程序设计避免大量不必要的动态资源引用，这样可以提高性能。
- 正在创建将编译为 DLL 并打包为应用程序的一部分或在应用程序之间共享的资源字典。
- 正在为自定义控件创建一个主题，并定义在主题中使用的资源。对于这种情况，通常不需要动态资源引用查找行为，而需要静态资源引用行为，以使该查找可预测并且独立于该主题。使用动态资源引用时，即使是主题中的引用也会直到运行时才进行求值，并且在应用主题时，某个本地元素有可能会重新定义主题试图引用的键，并且本地元素在查找中会位于主题本身之前。如果发生该情况，主题将不会按预期方式运行。
- 正在使用资源来设置大量依赖项属性。依赖项属性具有由属性系统启用的有效值缓存功能，因此，如果为可以在加载时求值的依赖项属性提供值，该依赖项属性将不必查看重新求值的表达式，并且可以返回最后一个有效值。该方法具有性能优势。

动态资源最适合于以下情况：

- 资源的值取决于直到运行时才知道的情况。这包括系统资源或用户可设置的资源。例如，可以创建引用由 SystemColors、SystemFonts 或 SystemParameters 公开的系统属性的 setter 值。这些值是真正动态的，因为它们最终来自于用户和操作系统的运行时环境。还可以使用可以更改的应用程序级别的主题，在此情况下，页级别的资源访问还必须捕获更改。
- 正在为自定义控件创建或引用主题样式。
- 有一个存在依存关系的复杂资源结构，在这种情况下，可能需要前向引用。静态资源引用不支持前向引用，但动态资源引用支持，因为资源直到运行时才需要进行求值，因此前向引用不是一个相关概念。
- 从编译或工作集角度来说，引用的资源特别大，并且加载页时可能无法立即使用该资源。静态资源引用始终在加载页时从 XAML 加载，而动态资源引用直到实际使用时才会加载。
- 要创建的样式的 setter 值可能来自受主题或其他用户设置影响的其他值。

WPF 中的资源一般是指资源字典（DictionaryResource）中的元素，可以把任何对象置于其中以便访问。要获得一个资源字典，可以新建：

```
<ResourceDictionary xmlns="http://schemas.microsoft.com/winfx/2006/xaml/presentation"
    xmlns:x="http://schemas.microsoft.com/winfx/2006/xaml">
</ResourceDictionary>
```

但更多时候是通过 Resources 属性来获得的：

- Application.Resources：整个应用程序有效。
- FramewrokElement.Resources：该控件及其子控件有效。
- Style.Resources：样式中有效。

再举一个例子：

```
<Window x:Class="WpfApplication1.Window1"
    xmlns="http://schemas.microsoft.com/winfx/2006/xaml/presentation"
    xmlns:x="http://schemas.microsoft.com/winfx/2006/xaml"
```

```
        xmlns:s="clr-namespace:System;assembly=mscorlib"
        Title="Window1" Height="309" Width="345" >
    <Window.Resources>
        <SolidColorBrush Color="Green" x:Key="scBrush"/>
        <Button Background="Gray" x:Key="btnKey" x:Name="btnName"/>
        <s:Double x:Key="Double">47</s:Double>
    </Window.Resources>
    <StackPanel>
        <Button Background="{StaticResource scBrush}"/>
        <Button Background="{Binding Source={StaticResource scBrush}}"/>
        <Button Background="{Binding Source={StaticResource btnKey},Path=Background}"/>
        <Button Background="{Binding Background,ElementName=btnName}"/>
        <Button Height="{StaticResource Double}"/>
        <Button Content="{x:Static s:Math.PI}"/>
    </StackPanel>
</Window>
```

Window 是一个 FrameworkElement 元素，实际上，在 WPF 中，几乎所有的控件都是 FrameworkElement 的派生，所以都有 Resources 属性。DictionaryResource 中的项需要一个 Key 来区分不同的元素，而其 Name 则是可有可无的。

此例在资源字典中定义了 3 个资源，包括两个 WPF 中的对象 SoildColorBrush 和 Button，以及一个 CLR 对象浮点数，为了使用 CLR 中的类型，需要事先引入命名空间：

```
xmlns:local="clr-namespace:System;assembly=mscorlib"
```

在这个示例中，共使用 7 种不同的方式创建了 6 个按钮，下面分别予以说明。

（1）第一行：

```
<Button Background="{StaticResource scBrush}"/>
```

创建一个 Button，并将其 Background 属性绑定到资源 scBrush。其中大括号{}表示这是一个标记扩展；StaticResource 表示引入静态资源，与之相对的，还有一个 DynamicResource，这两者用法一样，区别也不大，简单地说，动态资源在运行时才绑定，并且当资源更改时可以发出通知，而且可以先使用后声明；scBrush 是资源的键，UI 元素通过这个值找到并使用它。

（2）第二行：

```
<Button Background="{Binding Source={StaticResource scBrush}}"/>
```

也就是说，实际上是创建了一个 Binding 对象，并设置其 Source 属性为静态资源 scBrush。

（3）第三行：

```
<Button Background="{Binding Source={StaticResource btnKey},Path=Background}"/>
```

这里也是设置 Background 属性，但与之前的不同，这里绑定的是一个按钮，而不是一个画刷，所以这里用 Path 属性来指定其路径。

（4）第四行：

```
<Button Background="{Binding Background,ElementName=btnName}"/>
```

也可以用 Name 而不是 Key 来访问资源，这需要把 Source 改为 ElementName，这样的前提是，ElementName 后必须是 WPF 的 UI 元素。另外，如果 Path 是绑定中的第一个对象，则可以省略 Path。

（5）第五行：

```
<Button Height="{StaticResource Double}"/>
```

绑定 CLR 对象。

（6）第六行：

```
<Button Content="{x:Static s:Math.PI}"/>
```

原来绑定并不一定需要创建资源，也可以通过 x:Static 的语法来使用静态属性。

【任务分析】

完成前面的知识准备后，我们来对美化读者信息修改界面任务进行分析。

利用 WPF 中最基本的样式方法来美化 TextBlock 控件。

【任务实施】

（1）打开之前创建的读者信息修改项目，初始显示的是 WPF 的默认样式。程序运行效果如图 6-1 所示。具体设计代码略。

（2）在 myResources 文件夹下新建名为 myDictionary.xaml 的资源字典文件。代码如下：

```
<Style x:Key="tbkStyle" TargetType="TextBlock">
    <Setter Property="FontSize" Value="18"/>
    <Setter Property="HorizontalAlignment" Value="Center"/>
    <Setter Property="VerticalAlignment" Value="Center"/>
    <Setter Property="Foreground">
        <Setter.Value>
            <LinearGradientBrush EndPoint="0.5,1"
                                 MappingMode="RelativeToBoundingBox"
                                 StartPoint="0.5,0">
                <GradientStop Color="Blue" Offset="0"/>
                <GradientStop Color="LightBlue" Offset="1"/>
            </LinearGradientBrush>
        </Setter.Value>
    </Setter>
</Style>
```

（3）修改读者信息修改窗体代码，更改 TextBlock 样式。主要代码如下：

```
<Window.Resources>
    <ResourceDictionary>
        <ResourceDictionary.MergedDictionaries>
            <ResourceDictionary Source="myResource/myDictionary.xaml"/>
        </ResourceDictionary.MergedDictionaries>
        <Style TargetType="TextBlock" BasedOn="{StaticResource tbkStyle}">
            <Setter Property="Foreground" Value="Firebrick"/>
        </Style>
        <Style TargetType="Grid">
            <Setter Property="Background">
                <Setter.Value>
                    <RadialGradientBrush>
                        <GradientStop Color="LightBlue" Offset="0"/>
                        <GradientStop Color="Lavender" Offset="0.5"/>
                        <GradientStop Color="LemonChiffon" Offset="1"/>
                    </RadialGradientBrush>
```

```
            </Setter.Value>
        </Setter>
    </Style>
</ResourceDictionary>
</Window.Resources>
<TextBlock Style="{StaticResource tbkStyle}" Text="读者信息修改"/>
```

（4）按 F5 键运行程序，TextBlock 控件显示外观已经发生变化，Grid 控件也改变了颜色。运行效果如图 6-14 所示。

图 6-14 修改 TextBlock 后的运行效果

【任务小结】

1．本任务介绍了 WPF 资源的相关知识，并演示了解析资源的顺序。

2．本任务介绍了静态资源和动态资源的使用。

3．本任务介绍了如何美化 TextBlock 的外观。

任务 6.2 美化读者添加界面的 TextBox 控件

【任务描述】

新建 WPF 应用程序，外观设计为读者添加功能模块的外观，如图 6-15 所示。样式是指 WPF 的元素在界面中呈现的形式。读者添加界面使用的是默认 WPF 元素样式，我们可以利用 XAML 资源来实现对它的美化。即在 XAML 资源中用 Style 元素声明样式和模板，并在控件中引用它。此次任务修改的是 TextBox 控件的外观。在未修改 TextBox 外观时，程序运行界面如图 6-15 所示。

【知识准备】

6.2.1 Style 元素

WPF 应用程序中的样式是利用 XAML 资源来实现的。Style 元素的常用形式为：

```
<Style x:Key="名称" TargetType="WPF 元素" BaseOn="其他样式中定义的名称">
    …
</Style>
```

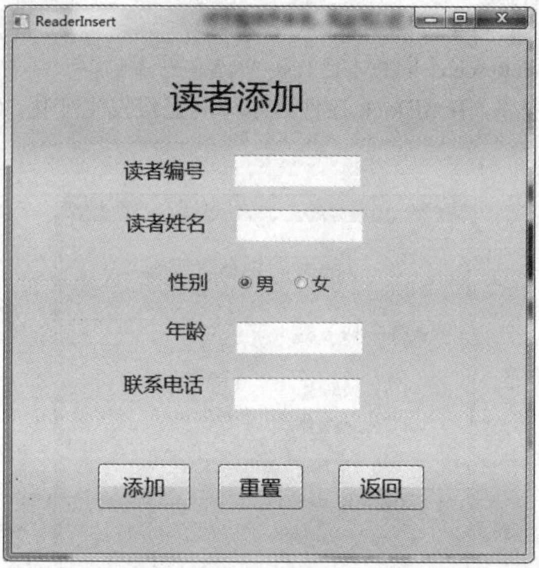

图 6-15 任务 6.2 在未修改 TextBox 时的运行效果

在 XAML 资源的 Style 元素中，也可以利用模板来自定义控件的外观。另外，触发器也是 WPF 应用程序中常用的技术之一。

以往的 GUI 开发技术（如 Windows Forms 和 ASP.NET）中，控件内部的逻辑是固定的，程序员不能改变；控件的外观，程序员能做的改变也非常有限。如果想扩展一个控件的功能或者更改其外观，也需要创建控件的子类或者创建用户控件。造成这个局面的根本原因是数据和算法的"形式"和"内容"耦合得太紧了。

在 WPF 中，通过引入模板微软将数据和算法的内容与形式解耦了。WPF 提供了两种模板化技术：样式模板化和数据模板化。

所谓样式模板化，是指利用控件的 ControlTemplate 来定义控件的外观，从而让控件呈现出各种形式。它决定了控件"长成什么样子"，并让程序员有机会在控件原有的内部逻辑基础上扩展自己的逻辑。作为资源，ControlTemplate 可以放在 3 个地方：Application 资源词典里、某个界面元素的资源词典里、外部 XAML 文件中。在 Style 中，用 Template 属性定义控件的模板。

数据模板化，是指利用 DataTemplate 将控件和多项数据自动绑定在一起。一条数据显示成什么样子，是简单的文本还是直观的图形就由它来决定。

一言以蔽之，Template 就是数据的外衣——ControlTemplate 是控件的外衣，DataTemplate 是数据的外衣。

6.2.2 模板

模板适用于这样一种场合：控件在功能上满足程序的要求，但界面上不能（或不方便）满足程序的要求，例如更改一个控件的外观都是基于其已有的属性——要更改其背景色，设置 Background 属性；要更改其高度，设置其 Heigth 属性。如果一个控件没有提供相应的属性，则无法进行处理，比如现在需要一个椭圆按钮，由于 Button 上并没有提供相关的属性，则我们不能（至少是不方便）通过设置其属性来实现我们的要求。在这种情形下，控件模板应运而生。

注意，这里所说的模板，专指 WPF 中的控件模板（ControlTemplate），而其他的一些模板，如数据模板（DataTemplate）等不包含在这个知识块中。

示例代码如下：

```xml
<Window x:Class="WpfApplication1.WindowExam"
    xmlns="http://schemas.microsoft.com/winfx/2006/xaml/presentation"
    xmlns:x="http://schemas.microsoft.com/winfx/2006/xaml"
    Title="WindowExam" Height="300" Width="300">
    <Window.Resources>
        <ControlTemplate x:Key="btnTemplate" TargetType="Button">
            <Grid>
                <Ellipse Fill="{TemplateBinding Background}"/>
                <ContentPresenter HorizontalAlignment="Center" VerticalAlignment="Center"/>
            </Grid>
        </ControlTemplate>
    </Window.Resources>
    <Grid>
        <Button Background="Red" Content="I am a Button !" Margin="42,21,50,131">
            <Button.Template>
                <ControlTemplate TargetType="Button">
                    <Grid>
                        <Ellipse Fill="{TemplateBinding Background}"/>
                        <ContentPresenter HorizontalAlignment="Center" VerticalAlignment="Center"/>
                    </Grid>
                </ControlTemplate>
            </Button.Template>
        </Button>
        <Button Margin="42,145,50,12" Background="Violet" Template="{StaticResource btnTemplate}"
            >I am a Button !</Button>
    </Grid>
</Window>
```

运行效果如图 6-16 所示。

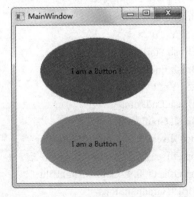

图 6-16　修改 Button 的外观的运行效果

来看看模板的定义：

```
<ControlTemplate TargetType="Button">
    <Grid>
        <Ellipse Fill="{TemplateBinding Background}"/>
        <ContentPresenter HorizontalAlignment="Center" VerticalAlignment="Center"/>
    </Grid>
</ControlTemplate>
```

这里创建了一个 ControlTemplate 的实例，并指定其 TargetType 属性为 Button，表示该模板适用于按钮。在模板中放入了一个 Grid 以承载其他控件，Grid 里可以放入任何控件，就像你在其他地方使用的时候一样，这里有两个代码要加以说明：

（1）<Ellipse Fill="{TemplateBinding Background}"/>。

可以在模板中指明所有的属性，然后将该模板套用到多个对象上，但是如果这样做，这些对象都是一个模子刻出来的，完全一样，这可能不是我们想要的，因为可能希望这些对象的外观一致，但是背景色不同。虽然设置了 Background 属性，但是会发现，这根本没起作用。

要实现这个目的，你需要使用模板绑定 TemplateBinding，以上面为例，它告诉程序，椭圆的填充色要绑定到使用模板的对象的 Background 属性上。

（2）<ContentPresenter HorizontalAlignment="Center" VerticalAlignment="Center"/>。

ContentPresenter 对象对于 ContentControl 来说是必要的，它告诉程序如何呈现其 Content 属性，这里是居中显示，如何不指定 ContentPresenter 对象，Content 属性将无法显示。

【任务分析】

完成前面的知识准备后，我们来对美化读者添加界面任务进行分析。

通过样式模板化美化读者添加窗体界面的 TextBox 控件。

【任务实施】

（1）新建 WPF 应用程序，完成读者添加功能模块的外观设计，如图 6-15 所示。外观设计代码略。把窗体的颜色改为线性渐变，可以用 Blend 实现。Blend 可以说是一个功能更强大的窗体设计器，可以把 Blend 理解为 XAML 代码的 PhotoShop 或 FireWorks。

通过 XAML 代码修改背景颜色如下：

```
<Window.Background>
    <LinearGradientBrush>
        <LinearGradientBrush.StartPoint>
            <Point X="0.5" Y="0"/>
        </LinearGradientBrush.StartPoint>
        <LinearGradientBrush.EndPoint>
            <Point X="0.5" Y="1"/>
        </LinearGradientBrush.EndPoint>
        <LinearGradientBrush.GradientStops>
            <GradientStop Offset="0.2" Color="LightBlue"/>
            <GradientStop Offset="0.5" Color="LightGreen"/>
            <GradientStop Offset="0.9" Color="LightBlue"/>
        </LinearGradientBrush.GradientStops>
```

```
        </LinearGradientBrush>
    </Window.Background>
```

上述代码可以简化。同学们利用 XAML 的简写方式可以自行改写。

（2）现在的 TextBox 方方正正、有棱有角，与窗体和 Button 的圆角风格不太协调。我们利用 Blend 改变 TextBox 的模板，也可以通过下面的代码重新定义 TextBox 的 ControlTemplate，将它的边框变成圆角矩形。我们选择把新定义的模板样式存放在 Window 元素的资源文件里。当然，如果将样式资源声明在 App.xaml 文件的 Application.Resources 属性中，它的作用范围为整个应用程序项目，对项目中的所有窗口都起作用。

```
<Window.Resources>
        <Style x:Key="TextBoxStyle" TargetType="{x:Type TextBox}">
            <Setter Property="Template">
                <Setter.Value>
                    <ControlTemplate TargetType="{x:Type TextBox}">
                        <Border BorderBrush="Black"
                            BorderThickness="1" CornerRadius="8" x:Name="Border">
                            <Grid    Margin="1">
                                <ScrollViewer x:Name="PART_ContentHost" Background="Khaki"
                                    SnapsToDevicePixels="{TemplateBinding SnapsToDevicePixels}" />
                            </Grid>
                        </Border>
                        <ControlTemplate.Triggers>
                            <Trigger Property="IsEnabled" Value="false">
                                <Setter Property="Background" Value="LightGray" TargetName=
                                    "PART_ContentHost"/>
                            </Trigger>
                        </ControlTemplate.Triggers>
                    </ControlTemplate>
                </Setter.Value>
            </Setter>
        </Style>
</Window.Resources>
```

（3）修改窗体的 XAML 代码，设置 TextBox 外观样式。主要代码如下：

```
<TextBox Style="{DynamicResource ResourceKey=TextBoxStyle}"/>
```

（4）按 F5 键运行程序，应用程序窗体外观效果如图 6-17 所示。

图 6-17　修改 TextBox 外观后的运行效果

【任务小结】

1. 本任务介绍了 WPF 的 Style 和 ControlTemplate 的相关知识。
2. 本任务演示了如何利用控件模板知识来美化 TextBox 控件。

任务 6.3　美化读者借书界面的 Button 控件

【任务描述】

新建 WPF 应用程序，外观设计为读者借书功能模块的外观，如图 6-18 所示。触发器（Trigger）是指某种条件发生变化时自动触发某些动作。在<Style>和</Style>之间，可以利用样式设置触发器。读者添加界面使用的 Button 是默认 WPF 元素样式，可以利用 XAML 代码来实现对它的美化。即在 XAML 资源中用 Style 元素使用触发器，并在控件中引用它。

图 6-18　任务 6.3 未美化 Button 时的运行效果

【知识准备】

6.3.1　触发器概述

触发器，从某种意义上来说它也是一种 Style，因为它包含有一个 Setter 集合，并根据一个或多个条件执行 Setter 中的属性改变。因为复用的缘故，Styles 是放置触发器的最好位置。触发器有以下 3 种类型：

- 属性触发器（Property Trigger）：当 Dependency Property 的值发生改变时触发。
- 数据触发器（Data Trigger）：当普通.NET 属性的值发生改变时触发。
- 事件触发器（Event Trigger）：当路由事件被触发时调用。

在 WPF 中，每一个可以使用触发器的类中都会有一个 Triggers 属性。拥有这个属性的类有：FrameworkElement、Style、DataTemplate 和 ControlTemplate。但是需要注意的是，FrameworkElement 类只支持 EventTrigger。这是因为微软还没有完成它对其他两类触发器的支持。如果程序中需要使用属性触发器或数据触发器的功能，则需要使用设置样式触发器的方法对触发器进行一次包装，再将该样式应用在 FrameworkElement 类的实例上。因此就现在来说，Trigger 和 EventTrigger 仅可以用在控件模板或样式中，而 DataTrigger 只能用在数据模板之中。同时，为了支持对复杂触发条件的表示，WPF 还引入了 MultiTrigger 和 MultiDataTrigger 完成对逻辑的支持。如果想用触发器表示多条件逻辑，可以通过将多个触发器同时放置到 Triggers 属性中来完成。

6.3.2 触发器类型

1. 属性触发器（Property Trigger）

属性触发器是 WPF 中最常用的触发器类型。类似于 Setter，Trigger 也有 Property 和 Value 这两个属性，Property 是 Trigger 关注的属性名称，Value 是触发条件。Triggers 类还有一个 Setters 属性，此属性值是一组 Setter，一旦触发条件被满足，这组 Setter 的"属性-值"就会被应用，触发条件不再满足后，各属性值会被还原。

来看一个简单的例子，这个例子中包含一个针对 TextBox 的 Style，当 TextBox 的 IsEnabled 属性为 True 时背景色和字体会改变。XAML 代码如下：

```
<Window.Resources>
    <Style TargetType="TextBox">
        <Style.Triggers>
            <Trigger Property="IsEnabled" Value="true">
                <Trigger.Setters>
                    <Setter Property="Background" Value="Orange"/>
                    <Setter Property="FontSize" Value="25"/>
                    <Setter Property="Foreground" Value="Blue"/>
                </Trigger.Setters>
            </Trigger>
        </Style.Triggers>
    </Style>
</Window.Resources>
```

简单进行 WPF 布局，查看属性触发器的效果：

```
<StackPanel>
    <TextBlock FontSize="20" Text="下面的文本框的 IsEnabled 为 False"/>
    <TextBox Margin="3" Width="280" IsEnabled="False"/>
    <TextBlock FontSize="20" Text="下面的文本框的 IsEnabled 为 true"/>
    <TextBox Margin="3" Width="280" IsEnabled="True"/>
</StackPanel>
```

运行效果如图 6-19 所示。

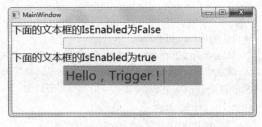

图 6-19 属性触发器示例的运行效果

　　再看一个稍微复杂一些的例子，下边的例子设置了当鼠标放置于按钮之上悬停时按钮的外表会发生变化。当 IsMouseOver 属性为 False 时，即触发条件失效时，宽度回到默认状态。注意，属性触发器是用 Trigger 标识的。

```xml
<Style x:Key="buttonStyle1" TargetType="{x:Type Button}">
    <Style.Triggers>
        <Trigger Property="IsMouseOver" Value="True">
            <Setter Property="RenderTransform">
                <Setter.Value>
                    <RotateTransform Angle="10"></RotateTransform>
                </Setter.Value>
            </Setter>
            <Setter Property="RenderTransformOrigin" Value="0.5,0.5"/>
            <Setter Property="Background" Value="#FF0CC030" />
        </Trigger>
    </Style.Triggers>
</Style>
```

查看按钮时，只需让按钮使用这个 Style 即可。

```xml
<Button Margin="30" Content="属性触发器" Style="{StaticResource buttonMouseOver}"/>
```

当鼠标移到按钮的上方时，按钮发生了旋转。运行效果如图 6-20 所示。

图 6-20　按钮属性触发器示例的运行效果

　　在属性触发器中还有一种情形，叫 MultiTrigger。MultiTrigger 是个容易让人误解的名字，会让人以为是多个 Trigger 集成在一起，实际上叫 MultiConditionTrigger 更合适。因为必须多个条件同时成立才会被触发。MultiTrigger 比 Trigger 多了一个 Conditions 属性，需要同时成立的条件就存储在这个集合中。

　　我们通过下面这个例子来了解一下 MultiTrigger。当 CheckBox 的 IsChecked 属性为 True 时，CheckBox 的前景色和字体会发生改变，这种情形是基本的 Trigger；当 CheckBox 被选中且 Content 为"把酒问青天"时才会触发其 Style，这种就是 MultiTrigger 了。XAML 代码如下：

```xml
<Style TargetType="CheckBox">
    <Style.Triggers>
        <MultiTrigger>
            <MultiTrigger.Conditions>
                <Condition Property="IsChecked" Value="true"/>
                <Condition Property="Content" Value="把酒问青天"/>
            </MultiTrigger.Conditions>
            <MultiTrigger.Setters>
                <Setter Property="FontSize" Value="20"/>
```

```
                    <Setter Property="Foreground" Value="Blue"/>
                </MultiTrigger.Setters>
            </MultiTrigger>
        </Style.Triggers>
    </Style>
```

简单进行 WPF 布局，查看多条件属性触发器的运行效果。

```
    <StackPanel>
        <CheckBox Content="明月几时有" Margin="5"/>
        <CheckBox Content="把酒问青天" Margin="5"/>
        <CheckBox Content="不知天上宫阙" Margin="5"/>
        <CheckBox Content="今夕是何年" Margin="5"/>
    </StackPanel>
```

单击选中其他 CheckBox 时没有触发触发器，单击第二个 CheckBox 时才发生变化。运行效果如图 6-21 所示。

图 6-21 MultiTrigger 示例的运行效果

2. 数据触发器（Data Trigger）

数据触发器和属性触发器除了面对的对象类型不一样外完全相同。数据触发器用来检测非依赖属性——也就是用户自定义的.NET 属性——的值发生变化时触发并调用符合条件的一系列 Setter 集合。

在图书管理系统中，用户简单分为两种：管理员（Admin）和读者（Reader）。在查看所有的用户时，当用户是 Admin 时给予红色突出显示。下边的示例演示了在绑定的 ListBox 里如果某个 tb_users 对象符合某种特点（Role=Admin），则以突出方式显示这个对象。这里就用了 DataTrigger，因为我们需要检测的是 tb_users 对象的属性 Role，这个对象是自定义的非可视化对象并且其属性为普通.NET 属性。

（1）新建 WPF 项目，名称为 DataTriggerExam。添加一个自定义 tb_users 类，属性为 Role 和 Name。代码如下：

```
class tb_users
    {
        public string role;
        public string Role
        {
            get
            { return role; }
            set
            { role = value; }
        }
```

```
        public string name;
        public string Name
        {
            get
            { return name; }
            set
            { name = value;}
        }
        public string userID;
        public string UserID
        {
            get
            { return userID; }
            set
            { userID = value;   }
        }
    }
```

（2）声明一个列表类 Userlist，用来保存多个 tb_uers 对象。

```
class Userlist : ObservableCollection<tb_users>
    {
        public Userlist()
        { }
    }
```

（3）为了在前台可以使用后台创建的类，需要引入当前项目所在的命名空间。

```
<Window x:Class="DataTriggerExam.MainWindow"
        xmlns="http://schemas.microsoft.com/winfx/2006/xaml/presentation"
        xmlns:x="http://schemas.microsoft.com/winfx/2006/xaml"
        xmlns:local="clr-namespace: DataTriggerExam"
        Title="图书信息管理" Height="350" Width="525">
```

（4）创建 Userlist 的实例，初始包含 4 条记录，写到 Window 的资源里。

```
<Window.Resources>
        <local:Userlist x:Key="myUsers">
            <local:tb_users    Role="Admin" Name="郑佳" UserID="1"/>
            <local:tb_users Role="Reader" Name="朱婉玲" UserID="2"/>
            <local:tb_users Role="Reader" Name="柳泽敦" UserID="3"/>
            <local:tb_users Role="Admin" Name="刘小歌" UserID="4"/>
        </local:Userlist>
</Window.Resources>
```

（5）主要的部分定义在了 Style 中，其针对的是每个 ListBox 的项，当其被绑定的数据的属性 Role 为 Admin 时，突出显示。ListBoxItem 显示数据时显示 tb_users 的 Name 属性，需要自定义 DataTemplate 模板。

```
<DataTemplate    DataType="{x:Type local:tb_users}">
    <TextBlock Text="{Binding Path=Name}"/>
</DataTemplate>
<Style TargetType="{x:Type ListBoxItem}">
    <Style.Triggers>
```

```
        <DataTrigger Binding="{Binding Path=Role}" Value="Admin">
            <Setter Property="Foreground" Value="Red" />
        </DataTrigger>
    </Style.Triggers>
</Style>
```

（6）数据绑定到 ListBox 控件，代码如下：

```
<ListBox Width="200"    ItemsSource="{Binding Source={StaticResource myUsers}}" />
```

（7）按 F5 键运行程序，运行效果如图 6-22 所示。

图 6-22 数据触发器示例的运行效果

有时会遇到要求多个数据条件同时满足时才能触发变化的需求，此时可以考虑使用
MultiDataTrigger。比如在上面的例子中有这样一个需求：用户界面上使用 ListBox 显示一列用
户数据，当用户对象同时满足 Role 为 Admin、UserID 为 1 的时候，条目高亮显示。

在上例中只需要重新设计 MultiDataTrigger 即可。

```
<Style TargetType="{x:Type ListBoxItem}">
    <Style.Triggers>
        <MultiDataTrigger>
            <MultiDataTrigger.Conditions>
                <Condition Binding="{Binding Path=Role}" Value="Admin"/>
                <Condition Binding="{Binding Path=UserID}" Value="1"/>
            </MultiDataTrigger.Conditions>
            <MultiDataTrigger.Setters>
                <Setter Property="Background" Value="Orange"/>
            </MultiDataTrigger.Setters>
        </MultiDataTrigger>
    </Style.Triggers>
</Style>
```

运行效果如图 6-23 所示。

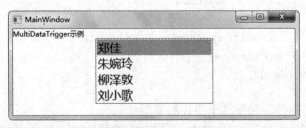

图 6-23 MultiDataTrigger 示例的运行效果

3. 事件触发器（Event Trigger）

事件触发器，顾名思义是在某个事件被触发时来调用这个触发器的相关操作。因为 WPF

提供了用 XAML 来标记对象、事件等，所以其提供了一些在普通.NET 开发中看似没用的属性，例如 IsMouseOver、IsPressed 等，这是为了 XAML 来用的，使其可以很方便地通过某个属性来判断状态，也方便了 Property Trigger 的应用。而作为事件触发器来说，它所做的事情和 Property Trigger 类似，不过是它的内部不能是简单的 Setter 集合，而必须是 TriggerAction 的实例。

以下示例演示了如何应用 Event Trigger 当鼠标单击按钮时让按钮的阴影效果发生变化。

```xml
<Style    x:Key="buttonStyle" TargetType="Button">
        <Setter Property="Opacity" Value="0.5" />
        <Setter Property="MaxHeight" Value="75" />
        <Style.Triggers>
            <Trigger Property="Focusable" Value="True">
                <Trigger.Setters>
                    <Setter Property="Opacity" Value="1.0" />
                </Trigger.Setters>
            </Trigger>
            <EventTrigger RoutedEvent="Mouse.MouseEnter">
                <EventTrigger.Actions>
                    <BeginStoryboard>
                        <Storyboard>
                            <DoubleAnimation
Duration="0:0:0.2"
Storyboard.TargetProperty="MaxHeight"
To="90"/>
                        </Storyboard>
                    </BeginStoryboard>
                </EventTrigger.Actions>
            </EventTrigger>
            <EventTrigger RoutedEvent="Mouse.MouseLeave">
                <EventTrigger.Actions>
                    <BeginStoryboard>
                        <Storyboard>
                            <DoubleAnimation
Duration="0:0:1"
Storyboard.TargetProperty="MaxHeight"/>
                        </Storyboard>
                    </BeginStoryboard>
                </EventTrigger.Actions>
            </EventTrigger>
        </Style.Triggers>
    </Style>
```

声明一个 Button 控件，触发这个事件触发器。

```xml
<Button Margin="30" Content="EventTrigger 示例" Style="{Binding Source={StaticResource buttonStyle}}"/>
```

运行效果如图 6-24 所示。当鼠标进入到按钮上方时，按钮变大。

再通过一个例子来深入学习一下事件触发器。

图 6-24 事件触发器示例的运行效果

示例代码如下：

```xml
<Window x:Class="WpfExample.MainWindow"
        xmlns="http://schemas.microsoft.com/winfx/2006/xaml/presentation"
        xmlns:x="http://schemas.microsoft.com/winfx/2006/xaml"
        Title="MainWindow" Height="300" Width="300">
    <Window.Resources>
        <EventTrigger RoutedEvent="Button.MouseEnter" x:Key="btnEventTrigger">
            <BeginStoryboard>
                <Storyboard>
                    <DoubleAnimation Storyboard.TargetProperty="Width" To="200" AutoReverse="True" Duration="0:0:0.2" />
                    <DoubleAnimation Storyboard.TargetProperty="Height" To="200" AutoReverse="True" Duration="0:0:0.2" />
                </Storyboard>
            </BeginStoryboard>
        </EventTrigger>
    </Window.Resources>
    <Grid >
        <Button Content="Button1" Margin="12,21,0,0" Height="43" HorizontalAlignment="Left"
                VerticalAlignment="Top" Width="80">
            <Button.Triggers>
                <EventTrigger RoutedEvent="Button.MouseEnter">
                    <BeginStoryboard>
                        <Storyboard>
                            <DoubleAnimation Storyboard.TargetProperty="Height" To="200"
                                AutoReverse="True" Duration="0:0:0.2" />
                            <DoubleAnimation Storyboard.TargetProperty="Width" To="200"
                                AutoReverse="True" Duration="0:0:0.2" />
                        </Storyboard>
                    </BeginStoryboard>
                </EventTrigger>
            </Button.Triggers>
        </Button>
        <Button Content="Button2" Margin="12,0,0,21" Height="46" VerticalAlignment="Bottom"
                HorizontalAlignment="Left" Width="73">
            <Button.Triggers>
```

```
            <StaticResource ResourceKey="btnEventTrigger"/>
        </Button.Triggers>
    </Button>
  </Grid>
</Window>
```

运行效果如图 6-25 所示。

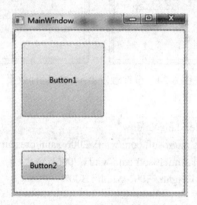

图 6-25　Button 使用事件触发器的示例的运行效果

当鼠标移到按钮的上空时，它会有放大又返回的动画效果。

需要说明，控件的 Triggers 属性虽然是一个 TriggerCollection 类型（其元素类型为 TriggerBase），但实际上只支持事件触发器，即 EventTrigger。

下面逐行分析：

（1）<EventTrigger RoutedEvent="Button.MouseEnter">。

这里指定了触发条件，即当触发何种事件时响应该触发器，因为没有指定 TargetType（实际上这里没法指定，但是在样式里可以从父级继承过来），所以必须用"类型.成员"的方式指定事件名。

（2）<BeginStoryboard>。

触发器有 3 个表示其响应后行为的集合：Actions、EnterActions、ExitActions。而对于事件触发器，只有 Actions 是有效的，这里的等效代码是：

```
<EventTrigger RoutedEvent="Button.MouseEnter">
        <EventTrigger.Actions>
            <BeginStoryboard>
```

这里的 BeginStoryboard 是一种行为（Action），它可以承载 Storyboard 以执行操作。

（3）<Storyboard>。

可以包含一系统的时间线来表示动画。

```
<DoubleAnimation Storyboard.TargetProperty="Width" To="200" AutoReverse="True" Duration="0:0:0.2" />
```

这是表示浮点数的动画，Storyboard.TargetProperty="Width"用于指示需要进行改变的属性，To 表示目标值（由于没有指定初始值，默认为控件的当前值），AutoReverse 属性指示在动画完成后是否自动返回到原来的状态，Duration 指定动画执行的时间尺度。

【任务分析】

完成前面的知识准备后，我们来对美化读者借书界面任务进行分析。

结合前面的方法，可以通过样式模板化美化读者借书窗体界面的 Button 控件。

【任务实施】

（1）新建 WPF 应用程序，完成读者借书界面功能模块的外观设计，如图 6-18 所示。外观设计代码略。初始 Button 控件显示 WPF 默认样式。

（2）在<Window.Resources>内编写 Button 的触发器代码。主要代码如下：

```
        <Style x:Key="buttonMouseOver" TargetType="{x:Type Button}">
            <Style.Triggers>
                <Trigger Property="IsMouseOver" Value="True">
                    <Setter Property="RenderTransform">
                        <Setter.Value>
                            <RotateTransform Angle="10"></RotateTransform>
                        </Setter.Value>
                    </Setter>
                    <Setter Property="RenderTransformOrigin" Value="0.5,0.5"></Setter>
                    <Setter Property="Background" Value="#FF0CC030" />
                </Trigger>
            </Style.Triggers>
        </Style>
```

也可再加入一个 Button 的 Style，名称为 buttonStyle，代码如事件触发器示例所示。

（3）修改窗体的 XAML 代码，设置 Button 外观样式。主要代码如下：

```
<Button Content="借出当前图书"
Style="{DynamicResource ResourceKey=buttonMouseOver}"/>
```

如果增加了 buttonStyle 触发器 Style，则增加代码：

```
<Button Content="清除所有记录"
Style="{DynamicResource ResourceKey=buttonStyle}"/>
```

（4）按 F5 键运行程序，将鼠标移动到按钮上面，查看其运行效果。当鼠标移到"借出当前图书"按钮时，按钮有明显绿色出现并且转动了角度，移开鼠标则恢复原状。当移到"清除所有记录"按钮时，按钮有明显下移运动，移开鼠标则恢复原状，如图 6-26 所示。

图 6-26　按钮设置触发器后的运行效果

【任务小结】

1. 本任务介绍了 WPF 的 3 种触发器的基本知识。
2. 本任务演示了如何利用触发器知识来美化 Button 控件。

任务 6.4　美化读者管理界面的 DataGrid 控件

【任务描述】

新建 WPF 应用程序，外观设计为读者管理功能模块的外观，如图 6-27 所示。自定义控件的外观，还可以采用数据模板化的方式。数据模板化用到了数据绑定的相关知识。读者管理界面使用的 DataGrid 是默认 WPF 元素样式，我们可以利用 DataTemplate 来实现对它的美化。读者管理界面出现时边旋转边放大，有动态特效。单击"显示全部"按钮，运行效果如图 6-28 所示。

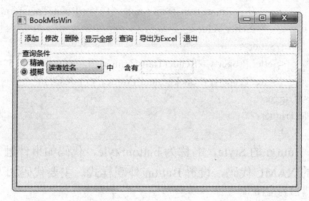

图 6-27　任务 6.4 未美化 DataGrid 时的运行效果

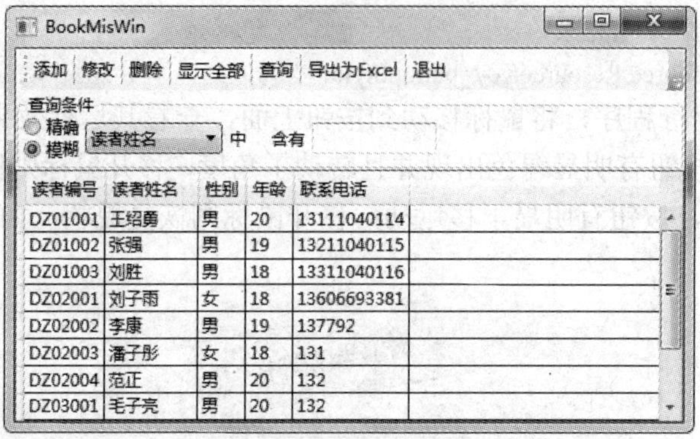

图 6-28　单击"显示全部"按钮后的运行效果

【知识准备】

6.4.1　DataGrid 控件

DataGrid 控件是一个功能非常多的控件，除了可以利用该控件显示、编辑数据之外，还可以利用它进行灵活的样式控制。

默认情况下，当为 DataGrid 控件设置 ItemSource 属性后，DataGrid 会根据数据类型自动生成相应的列，表 6-1 列出了 DataGrid 支持的 4 种列及其数据类型。

表 6-1 DataGrid 支持的 4 种列及其数据类型

生成列类型	数据类型
DataGridTextColumn	String
DataGridCheckBoxColumn	Boolean
DataGridComboBoxColumn	Enum
DataGridHyperlinkColumn	Uri

除此之外，可以用 DataGridTemplateColumn 自定义其他数据类型。自定义类型时，一般在资源字典中定义模板，在 App.xaml 中合并资源字典。

6.4.2 自定义 DataGrid 控件的模板

下面的代码演示了如何分别定义显示模板和编辑模板。

```
<DataTemplate x:Key="myTemplate">
    <Image Height="40" Source="{Binding myPhoto}"/>
</DataTemplate>
<DataTemplate x:Key="EditMyTemplate">
    …
</DataTemplate>
```

下面的代码演示了如何在 DataGrid 中引用定义的模板。

```
<DataGrid x:Name="dataGrid1" ItemsSource="Binding" AutoGenerateColumns="False">
    <DataGrid.Columns>
        <DataGridTemplateColumn Header="照片"
CellTemplate="{StaticResource myTemplate}"
            CellEditingTemplate="EditMyTemplate"/>
    </DataGrid.Columns>
</DataGrid>
```

DataGrid 的 AutoGenerateColumns 属性控制是否自动生成列，该属性默认的值为 True。用 XAML 描述绑定的列时，需要将该属性设置为 False。

【任务分析】

完成前面的知识准备后，我们对美化读者管理界面的 DataGrid 控件美化任务进行分析。

结合前面的知识，用 XAML 实现数据绑定，通过自定义控件外观用以显示和编辑各种类型数据的方式美化 DataGrid 控件。

【任务实施】

（1）新建 WPF 应用程序，完成读者管理功能模块的外观设计，如图 6-27 所示。此时 DataGrid 显示默认 WPF 外观。外观设计代码如下：

```
<Grid>
    <Grid.RowDefinitions>
        <RowDefinition Height="30"/>
        <RowDefinition Height="55"/>
        <RowDefinition Height="*"/>
    </Grid.RowDefinitions>
```

```
            <ToolBar x:Name="toolbar1">
                <Button Name="ReaderAdd" Content="添加" />
                <Separator/>
                <Button Name="ReaderModi" Content="修改"/>
                <Separator/>
                <Button Name="ReaderDel" Content="删除" />
                <Separator/>
                <Button Name="DisplayReaderAll" Content="显示全部" Click="DisplayReaderAll_Click"
                    Margin="0,2,0,0" VerticalAlignment="Top"/>
                <Separator/>
                <Button Name="ReaderSearch" Content="查询"/>
                <Separator/>
                <Button Name="ReaderPrint" Content="导出为 Excel"/>
                <Separator/>
                <Button Name="ReaderQuit" Content="退出" />
            </ToolBar>
            <GroupBox Grid.Row="1">
                <GroupBox.Header>查询条件</GroupBox.Header>
                <StackPanel Orientation="Horizontal">
                    <StackPanel>
                        <RadioButton Content="精确"/>
                        <RadioButton Content="模糊" IsChecked="True"/>
                    </StackPanel>
                    <ComboBox Width="100" Margin="5" IsReadOnly="True">
                        <ComboBoxItem Content="读者编号"/>
                        <ComboBoxItem Content="读者姓名" IsSelected="True"/>
                    </ComboBox>
                    <TextBlock Text="中        含有" VerticalAlignment="Center"/>
                    <TextBox x:Name="txtTemp" Width="90" Margin="5" Focusable="True"/>
                </StackPanel>
            </GroupBox>
            <DataGrid   Name="dataGrid1"   Grid.Row="2" Background="LightCyan"/>
        </Grid>
```

（2）修改 DataGrid 的属性 AutoGenerateColumns 取值为 False，不自动生成列，自定义 DataGrid 外观显示，代码如下：

```
<DataGrid   Name="dataGrid1" AutoGenerateColumns="False" Grid.Row="2" Background="LightCyan">
    <DataGrid.Columns>
        <DataGridTextColumn Header="读者编号" />
        <DataGridTextColumn Header="读者姓名" />
        <DataGridTemplateColumn Header="办证日期"/>
        <DataGridTextColumn Header="联系电话"/>
    </DataGrid.Columns>
</DataGrid>
```

运行效果如图 6-29 所示。

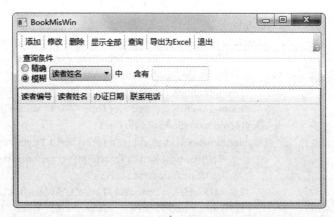

图 6-29 修改 DataGrid 的 AutoGenerateColumns 属性后的运行效果

（3）编写"显示全部"按钮的事件处理程序，代码如下：

```
private void DisplayReaderAll_Click(object sender, RoutedEventArgs e)
{
    using( var db = new BookDbEntities())
    {
        var q = from t in db.tb_reader select t;
        dataGrid1.ItemsSource = q.ToList();
    }
}
```

（4）在项目下添加一个 Dictionarys 文件夹，然后在该文件夹下添加一个文件名为 Dictionary1.xaml 的资源文件，代码如下：

```xml
<ResourceDictionary xmlns="http://schemas.microsoft.com/winfx/2006/xaml/presentation"
                    xmlns:x="http://schemas.microsoft.com/winfx/2006/xaml">
    <Style x:Key="Animate1">
        <Setter Property="Control.Margin" Value="20" />
        <Setter Property="Control.RenderTransformOrigin" Value="0.5,0.5" />
        <Setter Property="Control.Background">
            <Setter.Value>
                <SolidColorBrush x:Name="backColor" Color="FloralWhite" />
            </Setter.Value>
        </Setter>
        <Setter Property="Control.RenderTransform">
            <Setter.Value>
                <TransformGroup>
                    <ScaleTransform />
                    <SkewTransform />
                    <RotateTransform />
                    <TranslateTransform />
                </TransformGroup>
            </Setter.Value>
        </Setter>
        <Style.Triggers>
            <EventTrigger RoutedEvent="FrameworkElement.Loaded">
                <BeginStoryboard>
```

```
<Storyboard>
    <DoubleAnimationUsingKeyFrames Storyboard.TargetProperty
        ="(UIElement.RenderTransform).(TransformGroup.Children)
        [0].(ScaleTransform.ScaleX)">
        <EasingDoubleKeyFrame KeyTime="0" Value="0.1" />
        <EasingDoubleKeyFrame KeyTime="0:0:1" Value="1" />
    </DoubleAnimationUsingKeyFrames>
    <DoubleAnimationUsingKeyFrames Storyboard.TargetProperty
        ="(UIElement.RenderTransform).(TransformGroup.Children)
        [0].(ScaleTransform.ScaleY)">
        <EasingDoubleKeyFrame KeyTime="0" Value="0.1" />
        <EasingDoubleKeyFrame KeyTime="0:0:1" Value="1" />
    </DoubleAnimationUsingKeyFrames>
    <DoubleAnimationUsingKeyFrames Storyboard.TargetProperty
        ="(UIElement.RenderTransform).(TransformGroup.Children)
        [2].(RotateTransform.Angle)">
        <EasingDoubleKeyFrame KeyTime="0" Value="-720" />
        <EasingDoubleKeyFrame KeyTime="0:0:1" Value="0" />
    </DoubleAnimationUsingKeyFrames>
</Storyboard>
        </BeginStoryboard>
    </EventTrigger>
</Style.Triggers>
    </Style>
</ResourceDictionary>
```

在这个资源字典中，创建了一个 x:Key="Animate1"的动画，其效果是边放大边旋转。

（5）修改 App.xaml，添加下面的代码，以便在整个应用程序中都可以引用资源字典中定义的动画。

```
<Application.Resources>
    <ResourceDictionary>
        <ResourceDictionary.MergedDictionaries>
            <ResourceDictionary Source="/Dictionarys/Dictionary1.xaml" />
        </ResourceDictionary.MergedDictionaries>
    </ResourceDictionary>
</Application.Resources>
```

在应用程序中，凡是用 Style="{StaticResource Animate1}"引用该动画的控件，都会在初次加载时自动边旋转边放大，直到放大到该控件的大小为止。

```
<Window x:Class="BookMis.ReaderManageWindow"
    xmlns="http://schemas.microsoft.com/winfx/2006/xaml/presentation"
    xmlns:x="http://schemas.microsoft.com/winfx/2006/xaml"
    Title="ReaderManageWindow" Height="300" Width="500"
    Style="{StaticResource ResourceKey=Animate1}" >
```

（6）添加一个名为 myResource 的文件夹，然后在该文件夹下添加一个名为 MyDataGrid-Template.xaml 的资源字典，将代码改为以下内容：

```
<DataTemplate x:Key="DateTemplate" >
    <StackPanel Width="40" Height="30">
        <Border Background="Orange" BorderBrush="Black" BorderThickness="1">
```

```
            <TextBlock Text="{Binding bztime, StringFormat={}{0:MM-dd}}"
                FontSize="10" HorizontalAlignment="Center"/>
        </Border>
        <Border Background="Green" BorderBrush="Black" BorderThickness="1">
            <TextBlock Text="{Binding bztime, StringFormat={}{0:yyyy}}"
                FontSize="10" HorizontalAlignment="Center"/>
        </Border>
    </StackPanel>
</DataTemplate>
<DataTemplate x:Key="EditingDateTemplate">
    <DatePicker SelectedDate="{Binding   bztime,Mode=TwoWay,
NotifyOnValidationError=False,ValidatesOnExceptions=True}"/>
</DataTemplate>
```

（7）修改 App.xaml，添加合并资源字典的代码。

```
<Application.Resources>
    <ResourceDictionary>
        <ResourceDictionary.MergedDictionaries>
            <ResourceDictionary Source="/myResource/MyDataGridTemplate.xaml"/>
        </ResourceDictionary.MergedDictionaries>
    </ResourceDictionary>
</Application.Resources>
```

（8）DataGrid 模板设置完成后，就要在<DataGrid>中加入 DataGridTemplateColumn 列显示读者的办证日期。主要代码如下：

```
<DataGrid   Name="dataGrid1" AutoGenerateColumns="False" Grid.Row="2"
Background="LightCyan">
    <DataGrid.Columns>
        <DataGridTextColumn Header="读者编号" Binding="{Binding readerId}"/>
        <DataGridTextColumn Header="读者姓名" Binding="{Binding name}"/>
        <DataGridTemplateColumn Header="办证日期"
            CellTemplate="{StaticResource DateTemplate}"
            CellEditingTemplate="{StaticResource EditingDateTemplate}"/>
        <DataGridTextColumn Header="联系电话" Binding="{Binding tel}"/>
    </DataGrid.Columns>
</DataGrid>
```

（9）按 F5 键运行程序，窗体是边旋转边放大出现。单击"显示全部"按钮，运行效果如图 6-30 所示。

图 6-30　自定义 DataGrid 控件模板后的运行效果

在办证日期列下双击某单元格，运行效果如图 6-31 所示。

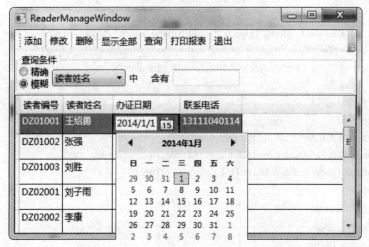

图 6-31　办证日期列自定义模板运行效果

将办证日期修改为 2014/3/10 后，信息自动更改，运行效果如图 6-32 所示。

图 6-32　修改办证日期后的运行效果

【任务小结】

1．本任务介绍了 WPF 的 DataGrid 控件的基本知识。
2．本任务演示了如何自定义控件模板来美化 DataGrid 控件。

 项目总结

本项目分为 4 个任务，介绍了 WPF 中的资源、样式、模板、触发器等相关知识。任务 6.1 介绍了资源的基本知识；任务 6.2 介绍了样式；任务 6.3 介绍了触发器；任务 6.4 介绍了模板。读者在学完本项目内容后，应重点掌握以下知识：

（1）资源、样式、模板。

（2）利用资源、样式、模板等相关知识修改控件外观，从而达到美化项目的目的。

项目实训

根据已学知识完成对图书管理模块各控件外观的修改。

参考文献

[1] 刘铁锰. 深入浅出 WPF. 北京：中国水利水电出版社，2010.

[2] （美）Matthew MacDonald. WPF 编程宝典——C# 2010 版. 王德才译. 北京：清华大学出版社，2011.

[3] 李应宝. WPF 专业编程指南. 北京：电子工业出版社，2010.

[4] 张洪定，郭早早. WPF 和 Silverlight 教程. 天津：南开大学出版社，2012.

[5] 马骏. C#程序设计及应用程序（第 3 版）. 北京：人民邮电出版社，2010.